ABHANDLUNGEN DER DEUTSCHEN AKADEMIE
DER WISSENSCHAFTEN ZU BERLIN

Klasse für Mathematik, Physik und Technik

Jahrgang 1964 Nr. 6

INTENSITÄTSMESSUNGEN IN DER INFRAROT- UND RAMAN-SPEKTROSKOPIE

Arbeitssymposium der Kommission für Spektroskopie
und der Arbeitsgruppe für Physikalische Methoden der Analytischen Chemie
der Deutschen Akademie der Wissenschaften zu Berlin

Oberhof 16.—18. 10. 1962

Mit 45 Abbildungen und 19 Tabellen

AKADEMIE-VERLAG · BERLIN
1964

Vorgelegt von Hrn. GÖRLICH in der Klassensitzung vom 25. Oktober 1962

Zum Druck genehmigt am gleichen Tage, ausgegeben am 10. September 1964

Erschienen im Akademie-Verlag, GmbH, Berlin W 8, Leipziger Straße 3—4

Lizenznummer: 202 · 100/580/64
Gesamtherstellung: VEB Druckerei „Thomas Müntzer" Bad Langensalza
Bestellnummer: 2001/64/I/6 · ES 18 B 1/5, 18 C 3 · Preis: DM 16.—

INHALTSVERZEICHNIS

Vom 16.—18. 10. 1962 veranstaltete die Kommission für Spektroskopie der Deutschen Akademie der Wissenschaften zu Berlin gemeinsam mit der Arbeitsgruppe für Physikalische Methoden der Analytischen Chemie der Deutschen Akademie der Wissenschaften zu Berlin ein Arbeitssymposium über Intensitätsmessungen in der Infrarot- und RAMAN-Spektroskopie im „Ernst-Thälmann-Haus" in Oberhof.

Sinn dieser Veranstaltung war es, die auf diesem jungen Forschungsgebiet Tätigen zusammenzuführen und ihnen ausreichende Möglichkeiten für Diskussionen zu geben. An der Veranstaltung nahmen 36 Wissenschaftler teil, davon 3 aus der ČSSR. Außerdem waren zeitweilig 3 Gäste anwesend. Die Tagung wurde von dem Vorsitzenden der Kommission, Herrn Prof. Dr. h. c. P. GÖRLICH eröffnet.

Das Programm war so gestaltet, daß am Vormittag ausschließlich Vorträge stattfanden. Am Nachmittag und Abend folgte eine eingehende Diskussion des Vorgetragenen. Am ersten Tage wurden im wesentlichen apparative, am zweiten Tage methodische und am dritten Tage theoretische Fragen behandelt.

Die Vortragsreferate und die wichtigsten Gesichtspunkte der Diskussion sind nachstehend abgedruckt.

Zusammengefaßt kann man feststellen:

Es wurden klar die Forderungen herausgeschält, die an die für Intensitätsmessungen geeigneten Geräte zu stellen sind. Da die Intensitätsmessungen auch in der Praxis einen immer größeren Raum einnehmen und u. a. unabdingbare Voraussetzung für eine automatische Prozeßkontrolle sind, ist diesem Punkte große Aufmerksamkeit zu widmen.

Die Auswertemethodik ist z. Z. zu umständlich und langsam. Neben automatischen Integrationseinrichtungen ist eine Methode bzw. ein Gerät zur Auswertung überlagerter Banden besonders wichtig. Das gilt übrigens nicht nur für die hier genannten Methoden. Eine exakte theoretische Behandlung des Intensitätsproblems ist bis jetzt nicht möglich gewesen. Hierfür sollten Messungen an kleinen Molekülen durchgeführt werden. Für praktische Belange sollte in verstärktem Maße versucht werden, empirische oder halbempirische Korrelationen zwischen den Intensitäten und anderen physikalischen bzw. physikalisch-chemischen Kenngrößen der Moleküle aufzufinden. Die hierbei bereits erzielten Ergebnisse sind ermutigend, werden aber erst dann wirklich umfassende Aussagen gestatten, wenn das experimentelle Material vervielfacht worden ist.

Berlin-Adlershof, den 28. 11. 1962

H. KRIEGSMANN

Apparative Grundlagen zur Intensitätsmessung[1])

G. Geppert

Institut für Verfahrenstechnik der organischen Chemie
der Deutschen Akademie der Wissenschaften zu Berlin

Bei Intensitätsmessungen in der Molekülspektroskopie unterscheidet man zwischen zwei Fehlerquellen: Die eine hat ihre Ursache in substanzbedingten Abweichungen von den allgemeinen Gesetzmäßigkeiten infolge intermolekularer Wechselwirkungen. Zur anderen gehören Meßfehler, hervorgerufen durch Unzulänglichkeit bzw. falsche Bedienung der Meßapparaturen. Sie sollen Gegenstand der Betrachtung sein.

Die Zahl der auf dem Weltmarkt angebotenen Infrarot-Spektralphotometer ist sehr groß. Man unterscheidet zwischen einfachen Geräten mit wenig Bedienungselementen, deren feste Einstellung bei Routineuntersuchungen in gewissen Grenzen reproduzierbare Meßergebnisse gewährleistet — Beispiele hierfür sind das Infracord (Perkin-Elmer) und das IR-5 (Beckman) — und komplizierteren Forschungsgeräten, deren Vielfalt an Einstellmöglichkeiten und Bedienungskomfort zu einer erheblichen Erweiterung der Einsatzmöglichkeiten beitragen. Als Prototyp des modernen Zweistrahlgeräts werden Prinzip und Strahlengang eines Eigenbaugeräts beschrieben, das im wesentlichen dem Modell 21 (Perkin-Elmer) entspricht. Von den einzelnen Baugruppen — Strahler, Photometerteil, Monochromator, Empfänger, Registriereinrichtung — sind für die Genauigkeit von Intensitätsmessungen vor allem Photometerteil und Monochromator von besonderer Bedeutung.

Photometereinheiten arbeiten entweder mit optischem Nullabgleich oder elektrischer Verhältnisbildung. Im letzten Fall können ein oder zwei getrennte Empfänger eingesetzt werden. Zwei Empfänger werden meist nur bei Geräten für den ultravioletten, sichtbaren und nahen infraroten Bereich verwendet. Der Weg im Monochromator kann für beide Strahlengänge gleich oder verschieden sein, je nachdem, ob zur Strahlteilung rotierende oder schwingende Spiegel bzw. feststehende Spiegelsysteme benutzt werden. Beim optischen Nullabgleich sind Strahlabschwächer für den Vergleichsstrahl erforderlich, die entweder als Kammblenden an der Stelle einer Strahlerabbildung oder als Aperturblenden vor einem Abbildungsspiegel angeordnet sind. Die ungleichmäßige Beleuchtung des Empfängers durch gewöhnliche Kammblenden wird durch rasch rotierende Sternräder ausgeglichen (UNICAM). Bei geringen Durchlässigkeitswerten treten Abweichungen von der Linearität durch Beugungseffekte ein. Bei Aperturblenden (Jalousie- oder Irisblende) können Fehler infolge ungleichmäßiger Ausleuchtung des Strahlenganges auftreten.

Bei Geräten mit elektrischer Verhältnisbildung ist die Linearität besser, da die Ungenauigkeiten des Strahlabschwächers entfallen. Mehrere rotierende Spiegel verursachen oft Justierfehler. Anordnungen ohne rotierende Spiegel sind im mittleren Infrarot selten, häufiger im Ultraviolett und nahen Infrarot, da sich dort infolge der gegenüber thermischen Empfängern kleineren Zeitkonstante der photoelektrischen Empfänger günstigere Modulationssysteme anwenden lassen.

Der Monochromator beeinflußt die Intensitätsmessung durch Auflösungsvermögen und Streulichtanteil. Günstige Ergebnisse werden durch Prisma-Gitter-Doppelmonochromatoren

[1]) Ausführliche Darstellung siehe Habilitationsschrift Leipzig 1962, sowie Experimentelle Methoden der Molekülspektroskopie, WTB, Akademie-Verlag, Berlin 1964.

erzielt. Eine Gegenüberstellung der Dispersionskurven von Prismen und Gittern beweist die Überlegenheit der Gitter in den meisten Fällen. Als leistungsstärkste Geräte werden das Modell 125 (Perkin-Elmer) und das IR-9 (Beckman) für den Bereich von 4000 bis 400 cm^{-1} sowie das Modell 14 (Cary) für den ultravioletten, sichtbaren und nahen infraroten Bereich beschrieben.

Die richtige Einstellung der Geräte läßt sich zweckmäßig durch Aufnahme einer Sprungfunktion überprüfen. Fehler durch zu rasche Registriergeschwindigkeit oder zu große Zeitkonstante werden bei Messung der integrierten Extinktion nicht eliminiert, während mangelndes Auflösungsvermögen infolge zu großer spektraler Spaltbreite zwar große Unterschiede in der Maximalextinktion, jedoch nur geringe Abweichungen in der integrierten Extinktion hervorruft. Ein elektronischer Extinktionsintegrator eigener Bauart wird erwähnt.

In der Raman-Spektroskopie sind die apparativen Schwierigkeiten zur Zeit noch größer als im Infrarot. Für quantitative Messungen kommen nur lichtelektrische registrierende Geräte in Frage. Aufbau und Arbeitsweise eines Eigenbaugerätes werden beschrieben. Die wesentlichen Baugruppen sind Raman-Lampe (bestehend aus einer Lichtquelle, Streurohranordnung, Bildzerleger und Zwischenoptik), Monochromator, Empfänger, Verstärker und Registriereinrichtung. Als Lichtquelle kommen heute fast nur Quecksilber-Niederdruckbrenner in Frage, z. B. der Torontobrenner. Die Streurohranordnung ist gekennzeichnet durch den Wunsch nach Verkleinerung des Probevolumens. In diesem Sinne wirken auch die Bildzerleger, die den runden Streurohrquerschnitt auf dem rechteckigen Spalt abzubilden haben. Als Beispiele werden die Bildzerleger nach White, nach Cary sowie die Faseroptik genannt.

Die Leistungsfähigkeit der Monochromatoren läßt sich mittels eines Lichtstärkefaktors vergleichen:

$$S_\lambda = \frac{I_\lambda \cdot D \cdot h \cdot A \cdot \alpha}{f}.$$

Hierin bedeuten S_λ die monochromatische Strahlungsleistung, I_λ die eingestrahlte Leistung, D die Winkeldispersion, h die Spalthöhe, A die Apertur, α die Durchlässigkeit der Optik und f die Kollimatorbrennweite. Von besonderer Wichtigkeit ist die Streulichtfreiheit, die sich nur mit Doppelmonochromatoren erreichen läßt. Gitter sind auch hier dem Prisma aus mehreren Gründen überlegen. Zum Schluß wird das Modell 81 (Cary) beschrieben, das das heute bei weitem leistungsstärkste Raman-Spektrometer darstellt. Ein Faktor von etwa 10 gegenüber anderen Geräten wird durch die Verwendung großer Gitter hoher Dispersion, großer Spalthöhe, eines Doppelspaltsystems und zweier Empfänger erreicht.

Um allgemein vergleichbare Intensitätswerte von Raman-Spektren zu erhalten, sind die derzeitigen apparativen Schwierigkeiten noch zu groß.

Diskussion

Herr Dr. Schubert wies darauf hin, daß auch bei Gittern die Polarisation nicht zu vernachlässigen ist.

Die Behauptung, daß Raman-Monochromatoren, die mit Gittern ausgerüstet sind, lichtstärker sind, wurde von Herrn Winter angezweifelt.

Nach eingehender Diskussion über die Vorteile von Gitter und Prisma bei Raman-Geräten einigte man sich darauf, daß der Streulichteinfluß bei Gittergeräten wesentlich kleiner ist als bei Prismengeräten und daß sie vor allem deswegen geeigneter sind. Im Hinblick auf den Einfluß der Registrierbedingungen wies Herr Dr. Schubert auf die von ihm aufgestellte Formel hin, die quantitative Zusammenhänge zwischen den einzelnen Registriergrößen aufzeigt.

Methoden zur Linearitätsprüfung von Ultrarot-Spektralphotometern

L. Kramer und S. Spott

VEB Carl Zeiss Jena, Labor für optische Meßgeräte

1. Vorbemerkungen

Intensitätsmessungen mit Ultrarot-Spektralphotometern setzen eine ausreichend genaue Durchlässigkeitsanzeige des jeweils benutzten Gerätes voraus. Anders ausgedrückt, bedeutet diese Forderung, daß die angezeigte Durchlässigkeit D zwischen den genau definierten und im Gerät justierbaren Endwerten $D = 0\%$ (Meßstrahlengang vollkommen geschlossen) und $D = 100\%$ (Meßstrahlengang offen und leer) keine unzulässig großen Abweichungen von der Linearität aufweisen darf.

Die Fertigung von Ultrarot-Spektralphotometern erfordert daher genaue und bequem ausführbare Möglichkeiten, die Linearität des eigentlichen Meßorgans — in modernen Zweistrahlgeräten fast durchweg eine vom Regelkreis entsprechend der Probendurchlässigkeit gesteuerte Kammblende — zu überprüfen, so daß gegebenenfalls eine Eichung bzw. mechanische Korrektur durchgeführt werden kann. Auch nach Auslieferung und längerer Betriebsdauer der Geräte empfiehlt sich für genaue Messungen eine gelegentliche Überprüfung bzw. Nacheichung der Durchlässigkeitsanzeige — vor allem nach versehentlich erfolgter mechanischer Einwirkung auf die Meßblende oder nach Eingriffen, die zur Änderung des Justierzustandes oder zum Austausch des Strahlungsempfängers führten.

Im folgenden werden drei geeignete, voneinander unabhängige Methoden beschrieben und hinsichtlich Fehlermöglichkeiten bzw. erreichbarer Genauigkeiten miteinander verglichen, die zur Linearitätsprüfung des Ultrarot-Spektralphotometers UR 10 angewandt wurden.

2. Linearitätsprüfung mit Schachbrettblende

Eine rein mechanische Einrichtung zur Linearitätsprüfung ist die zur Linearisierung der Meßblende des UR 10 benutzte Schachbrettblende (Abb. 1). Sie besteht aus zwei zueinander justierbaren und in horizontaler Richtung geradlinig gegeneinander verstellbaren Glasscheiben mit abwechselnd lichtdurchlässigen und undurchlässigen Quadraten (Schachbrettmuster).[1]

Die beiden Scheiben müssen zunächst mit den 3 in der Abbildung sichtbaren Justierschrauben einander so zugeordnet werden, daß bei Stellung 0 der zur geradlinigen seitlichen Verschiebung dienenden Feinmeß-Schraublehre die Fläche völlig dunkel ist, d. h. jedes durchlässige Quadrat der einen Scheibe genau von einem undurchlässigen der anderen Scheibe abgedeckt wird. Danach wird die Einrichtung — nachdem die 0%-Linie der Durchlässigkeitsanzeige am Schreiber nach Vorschrift [1] überprüft und gegebenenfalls korrigiert wurde — in den Meßstrahlengang des Gerätes eingesetzt und mit Hilfe der Feinmeß-Schraublehre auf 50% Durchlässigkeit eingestellt (maximale Durchlässigkeit der Einrichtung, wobei gleichartige Quadrate genau übereinander liegen). Die hierzu erforderliche Verstellung der Schraublehre betrage L (Skt.). Mit einem Graukeil[2]) wird sodann der Vergleichsstrahl so geschwächt, daß

[1]) Die Schachbrettmuster sind auf photographischem Wege durch verkleinerte Abbildung einer größeren, genau gearbeiteten Schablone auf die Glasscheiben aufgebracht worden.

[2]) Im Prinzip kann hierzu auch die künftige Zusatz-Kompensationsblende des UR 10 verwendet werden [2].

Abb. 1. Schachbrettblende

der Schreiber genau 100% Durchlässigkeit anzeigt. Da sich die Durchlässigkeit der Schachbrettblende proportional mit der Verstellung l der Schraublehre ändert, wobei l die Seitenlänge der Rechtecke $l \cdot a$ (mit a = Seitenlänge der Quadrate des Schachbrettmusters) ist, kann man nunmehr den Meßstrahlengang in definierten Durchlässigkeitsschritten ΔD schwächen. Dabei beträgt pro Skalenteil der Schraublehre die Durchlässigkeitsänderung

$$\Delta D = \frac{100}{L} (\%) .$$

Trägt man die vom Schreiber angezeigte Durchlässigkeit D über der Verschiebung l auf, so muß sich eine zwischen 0 und 100% verlaufende Gerade ergeben. Die maximal zulässigen Abweichungen von der Geraden sind im Falle des UR 10:

$\pm 1\%$ (absolute Durchlässigkeit) im Bereich 20 bis 80%,
$\pm 1{,}5\%$ in den Bereichen 0 bis 20% und 80 bis 100% [1])

bei einer Reproduzierbarkeit (Schwankung bei wiederholten Messungen) der Durchlässigkeitsanzeige von besser als $\pm 0{,}5\%$.

Dies sind die bei der Auslieferung der UR 10-Geräte maximal auftretenden, durch die Fertigungstoleranzen der Meßblende festgelegten absoluten Ungenauigkeiten der D-Anzeige.

Bei sorgfältiger Ausführung der Schachbrettblende — genaue und gleichgroße Quadrate sowie gleichstark und homogen geschwärzte Flächen — ist die geschilderte Linearisierungsmethode absolut zuverlässig. Sie setzt allerdings eine einwandfreie Justierung der beiden Scheiben zueinander voraus und hängt daher etwas vom subjektiven Geschick des Prüfenden ab.

[1]) Mit der zusätzlichen Bedingung, daß, wenn von 2 aufeinanderfolgenden Meßpunkten einer oberhalb und der andere unterhalb der Geraden liegt, die Summe der absoluten Beträge der Abweichungen 1% nicht überschreitet, falls die Meßpunkte auf der Durchlässigkeitsskala nicht mehr als 5% auseinander liegen.

Der einzige Nachteil der Methode besteht darin, daß sie auf Grund der begrenzten Durchlässigkeit der Glasscheiben auf das kurzwellige Gebiet $<2{,}7\,\mu m$ bzw. auf Wellenzahlen $>3700\ cm^{-1}$ beschränkt ist. Sie wird daher im allgemeinen im LiF-Bereich bei ca. $4600\ cm^{-1}$ durchgeführt. Dadurch werden Fehler nicht erfaßt, die infolge wesentlich breiterer Monochromatorspalte und damit breiterer Ausleuchtung der Empfängerfläche der Thermosäule sowie durch eventuelle Störstrahlung (z. B. Streustrahlung) in langwelligeren Bereichen möglicherweise entstehen. Aus diesem Grunde erschien es zweckmäßig, weitere Möglichkeiten zur Linearitätsprüfung zu untersuchen, die zur Kontrolle der Schachbrettblendenmethode herangezogen werden können und darüberhinaus im gesamten Spektralbereich des UR 10 anwendbar sind.

3. Linearitätsprüfung mit rotierenden Sektorblenden

Eine altbekannte Methode zur absoluten Strahlungsschwächung ist die Verwendung von rotierenden Sektorblenden [3], die die Strahlungsleistung um den Betrag schwächen, der dem Hell-Dunkel-Verhältnis der Sektoren entspricht. Dabei kann der effektive Ausschnitt prinzipiell auch kontinuierlich verändert werden, indem man 2 gegeneinander drehbare Scheiben benutzt und den jeweils eingestellten Sektorwinkel an einem am Umfang der massiven Sektoren angebrachten Teilkreis abliest. Während die kontinuierliche Verstellmöglichkeit bei der Verwendung des rotierenden Sektors zur Vergleichsstrahlschwächung [4] (zwecks Ordinatendehnung bei stark absorbierenden Proben) unproblematisch ist, liefert sie bei der Verwendung zur absoluten Durchlässigkeitseichung bzw. Linearitätsprüfung nur bei sehr präziser und entsprechend kostspieliger Ausführung [5] genügend genaue Werte. Das trifft insbesondere dann zu, wenn die Durchlässigkeit der Anordnung während des Umlaufs variierbar sein soll [6], [7].

Zum Zwecke der Eichung der Durchlässigkeitsanzeige erscheint es uns günstiger, eine ausreichende Anzahl fester Sektorblenden nacheinander auszutauschen, die relativ leicht mit der erforderlichen Genauigkeit hergestellt und außerdem in einem einmaligen Vorgang genau ausgemessen werden können.

Bei den nachfolgenden Untersuchungen wurden 4flügelige und 6flügelige Sektorscheiben verwendet. Sie haben einen äußeren Durchmesser von 120 mm und einen Innendurchmesser von 60 mm, d. h., die freie Länge eines Sektors beträgt 30 mm. Bei den Messungen im UR 10 können also keine Fehler infolge ungenauer Justierung der Sektorscheiben zur Höhe des Brennerbildes im Küvettenraum bei der Modulation über die Breite (Sektorkante parallel zur Höhe des Brennerbildes) auftreten, auch wenn sich die Sektorscheiben nicht genau im Brennerbild (ausgenutzte Fläche ca. $18\times 4\ mm^2$) befinden.

3.1 Ermittlung der absoluten Durchlässigkeit der Sektorblenden

a) Ausmessen der Sektoren

Die Größe des Zentriwinkels α der Hellsektoren bestimmt das Hell-Dunkel-Verhältnis und damit die Durchlässigkeit der rotierenden Scheibe.

Es sei n = Anzahl der Hellsektoren (Flügeligkeit); dann ist die Durchlässigkeit

$$D_\alpha = \frac{n \cdot \alpha}{2\,\pi} \cdot 100\ (\%).$$

Die absolute Durchlässigkeit der Sektorblenden kann danach durch möglichst genaues Ausmessen der Zentriwinkel α ermittelt werden.

Der Zentriwinkel jedes Sektors einer Scheibe wurde von uns an mehreren Stellen längs der gesamten, vom Brennerbild getroffenen Kantenlängen mit einem Meßmikroskop gemessen. Aus der so erhaltenen Reihe einer größeren Anzahl von Meßwerten α_i wurde der mittlere

Winkel α und daraus die in Tabelle 1 angegebene Durchlässigkeit D_α berechnet. Dabei entsprechen die angegebenen Ungenauigkeiten ΔD_α dem „mittleren Fehler des Mittelwertes α", der sich zu

$$\Delta\alpha_M = \sqrt{\sum_1^m (\Delta\alpha_i)^2/m\,(m-1)}$$

ergibt (mit $\Delta\alpha_i = \alpha_i - \alpha$ = Abweichung der Einzelwerte der Messung vom Durchschnittswert α und m = Anzahl der Einzelmessungen). Die Ungenauigkeit ΔD_α gibt also an, wie stark bei mehrfacher Wiederholung der α_i-Meßreihe der arithmetische Mittelwert jeder Reihe um den Gesamtmittelwert D_α streut. ΔD_α liegt in unserem Falle (Tab. 1) zwischen $\pm 0{,}04\%$ und

TABELLE 1

Durchlässigkeit der Sektorblenden

n	D_α	ΔD_α	$\sim$	$\Delta D_\sim$	$D_\alpha - D_\sim$
4	10,93%	±0,12%	10,73%	±0,08%	0,20%
	19,84%	±0,04%	19,40%	±0,05%	0,44%
	39,12%	±0,11%	38,96%	±0,05%	0,16%
	48,41%	±0,10%	48,35%	±0,04%	0,06%
	59,59%	±0,06%	59,48%	±0,05%	0,11%
	79,67%	±0,07%	79,59%	±0,05%	0,08%
	90,01%	±0,04%	89,88%	±0,09%	0,13%
6	19,95%	±0,06%	19,58%	±0,04%	0,37%
	40,56%	±0,10%	40,29%	±0,04%	0,27%
	49,96%	±0,05%	50,01%	±0,06%	−0,05%
	59,59%	±0,05%	59,80%	±0,05%	−0,21%
	79,58%	±0,08%	79,36%	±0,06%	0,22%

$\pm 0{,}12\%$ Durchlässigkeit, wobei die Schwankungen von Blende zu Blende von unterschiedlichen Bearbeitungsfehlern herrühren. Außer den „zufälligen Fehlern" (Streuung infolge Bearbeitungsungenauigkeiten der Sektoren und zufällige Meßfehler), die in ΔD_α zusammengefaßt sind, kann aber jeder Wert D_α noch mit einem systematischen Fehler (z. B. Fehler der Winkelablesung am Mikroskop und dabei noch nicht erfaßte Bearbeitungsfehler wie Exzentrizität der Drehachse) behaftet sein, so daß wir insgesamt für D_α eine Ungenauigkeit bis zu $\pm 0{,}2\%$ absolute Durchlässigkeit einkalkulieren müssen. Diese liegt jedoch genügend weit innerhalb der absoluten Toleranzgrenzen der UR 10-Anzeige, so daß für die beabsichtigten Eichzwecke die erzielte Genauigkeit der D_α-Werte der Sektorblenden vollkommen ausreicht.

b) Optisch-elektrische Methode

Außerdem wurden die absoluten Durchlässigkeiten noch durch das folgende optisch-elektrische Meßverfahren in unserer Prüfeinrichtung für thermische Strahlungsempfänger [8] überprüft (Abb. 2):

In der normalerweise für die Messung der absoluten Gleichlicht- und Wechsellichtempfindlichkeit thermischer Strahlungsempfänger benutzten Einrichtung kann die von einem Schwarzen Körper (1) abgegebene Strahlung mit einer rotierenden 2-flügeligen 50%-Sektorscheibe (14) in ein Wechsellicht der im UR 10 angewandten Frequenz 10 Hz verwandelt werden. Die am Strahlungsempfänger (9) — im vorliegenden Fall benutzten wir eine Thermosäule des im UR 10 eingesetzten Typs VTh 1 — entstehende Thermo-Wechselspannung wird in einem elektronischen Verstärker (18) verstärkt, der nach Einschaltung des 10 Hz-Resonanzfilters ebenfalls dem Vor- und Hauptverstärker des UR 10 entspricht. Die Messung der Ausgangswechselspannung am Verstärker erfolgt mit einem bei 10 Hz noch einwandfrei arbeitenden

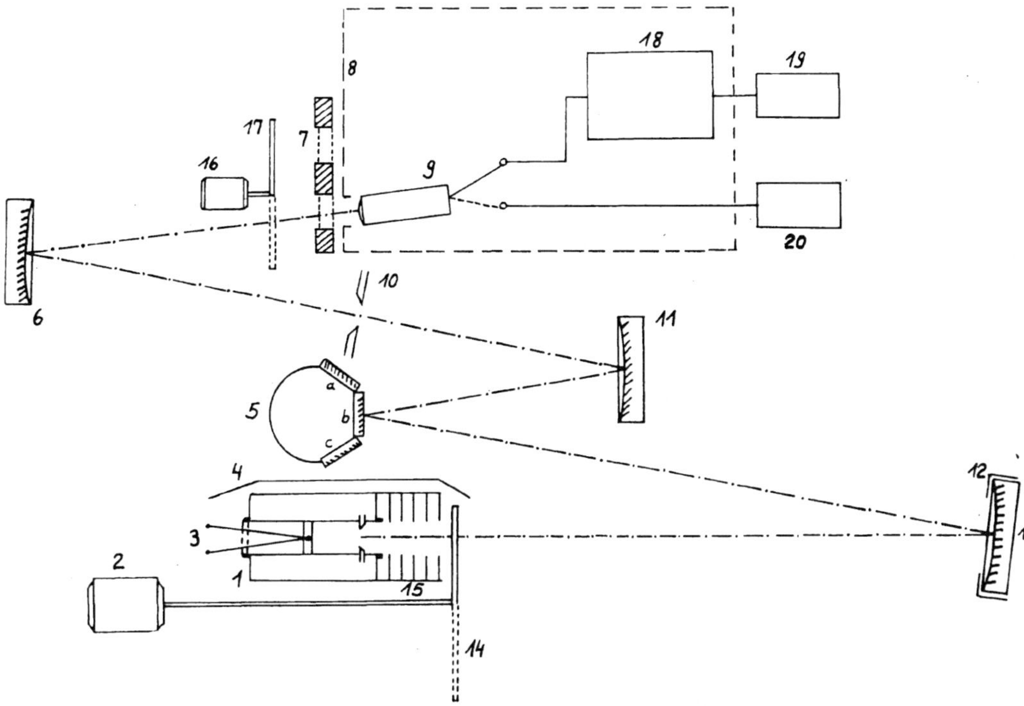

Abb. 2. Prüfeinrichtung für thermische Strahlungsempfänger
(zur Messung der absoluten Durchlässigkeit der Sektorblenden)

1 Schwarzer Körper
2 Motor der Modulationseinrichtung
3 Thermoelement zur Temperaturmessung
4 Blende gegen seitliche Streustrahlung
5 Reflexionsfilter-Einrichtung
6 Hohlspiegel
7 Filter- und Schwächungseinrichtung
8 Abschirmkasten der Verstärkeranlage
9 Strahlungsempfänger
10 Beleuchtungsspalt
11 Hohlspiegel
12 Spiegelblende
13 Hohlspiegel
14 Sektorscheibe
15 Diaphragma
16 Antriebsmotor der Untersuchungs-Sektorblende
17 Untersuchungs-Sektorblende
18 Elektronischer Verstärker
19 Röhrenvoltmeter
20 Skalengalvanometer zur Messung der Gleichlicht-Thermospannung

Röhrenvoltmeter (19).[1]) Zur Messung der Durchlässigkeit einer Sektorblende wurde diese zusätzlich in den Strahlengang gebracht (17) und mit einem geeigneten Motor (16) in Rotation versetzt. Die mit dieser Methode meßbare Durchlässigkeit D_∞ der Sektorblenden ergibt sich aus dem Verhältnis der vom Röhrenvoltmeter angezeigten Spannungen mit und ohne Untersuchungs-Sektorblende (17).

Voraussetzung für richtige Ergebnisse ist hierbei, daß der Verstärkungsfaktor des Verstärkers und die Strahlungsleistung sich während der beiden Messungen nicht ändern. Das ist jedoch leicht realisierbar, da die Messung mit Blende und die ohne Blende unmittelbar nacheinander erfolgen. Außerdem können der Verstärkungsfaktor mit Hilfe einer Eichspannung und die Strahlungsleistung (bei sonst unveränderter optisch-mechanischer Anordnung) durch die Spannungs-(Temperatur)-anzeige des Kontaktthermoelementes (3) bequem überwacht werden [8]. Es müssen ferner Übersteuerungen des Verstärkers (Beobachtung mit Oszilloskop und Röhrenvoltmeter) sowie gegebenenfalls auch nichtlineare Bereiche (hinsichtlich der Abhängigkeit der Thermospannung von der Strahlungsleistung) des Strahlungsempfängers vermieden werden. Das läßt sich jedoch immer erreichen, indem man die auffallende Strahlungs-

[1]) UVN von Rohde & Schwarz, München.

leistung in Anpassung an die Empfindlichkeit des Empfängers durch Wahl einer genügend kleinen Spiegelblende (12) und engen Beleuchtungsspalt (10) genügend herabsetzt. Im vorliegenden Fall wurde das VTh 1 (mit KBr-Linse) bei einer Strahlertemperatur von 970°C, einem Spiegelblenden-⌀ von 20,3 mm und einer Spaltöffnung von $2{,}8 \times 0{,}15$ mm^2 mit Strahlungsleistungen $<10^{-5}$ W bestrahlt (ohne Untersuchungs-Blende 17). Die Verstärkung wurde so eingestellt, daß die Ausgangsspannung <20 V_{eff} blieb.

Die Grundvoraussetzung für richtige Durchlässigkeitswerte und für die Anwendbarkeit der rotierenden Sektoren zur Eichung von Ultrarot-Spektralphotometern ganz allgemein ist aber eine ausreichend hohe Umdrehungsfrequenz der Untersuchungs-Sektorblende (17), da nur dann das Talbotsche Gesetz für das System Sektorblende–Thermosäule (Zeitkonstante ca. 30 ms) erfüllt werden kann, welches fordert, daß intermittierende Bestrahlung die gleiche Thermospannung hervorruft wie eine kontinuierliche Beleuchtung mit dem zeitlichen Mittelwert der Strahlung [3]. Zudem sind störende Überlagerungserscheinungen des durch die Untersuchungsblende hervorgerufenen Wechsellichtes der Frequenz f_2 mit der Grundstrahlung der Frequenz $f_1 = 10$ Hz zu erwarten, die nur dann verschwinden, wenn f_2 genügend groß gegenüber f_1 ist, so daß sich die Untersuchungsblende für die Meßeinrichtung (und damit auch für das UR 10) praktisch wie eine homogene Scheibe der Durchlässigkeit $D_\sim$ verhält.

Zum Antrieb der Sektorblenden für Durchlässigkeitsmessungen wurde von uns ein Gleichstrommotor[1]) verwendet, der an die Kleinspannungsquelle des UR 10 (mit „24 V =" beschriftet) angeschlossen werden kann und mit 4flügeligen Sektorscheiben eine Wechsellichtfrequenz $f_2 \approx 560$ Hz, mit 6flügeligen Scheiben entsprechend $f_2 \approx 840$ Hz liefert. Diese Frequenzen wurden nach der folgenden, in der Literatur [9] bereits für den gleichen Zweck angegebenen photoelektrischen Methode gemessen: Mit einer vom Motor angetriebenen 50%-Sektorscheibe (4- und 6flügelig) wurde die Strahlung einer 6 V-Glühlampe moduliert und damit ein PbS-Photowiderstand belichtet, an dem — in Reihe mit einem Arbeitswiderstand (1 MΩ) — eine Gleichspannung von 50 V angelegt war. Die am Arbeitswiderstand abfallende Wechselspannung wurde kapazitiv an ein Plattenpaar eines NF-Oszilloskops gelegt und die Frequenz mit derjenigen der am anderen Plattenpaar liegenden Spannung eines Tonfrequenzgenerators verglichen.

Bei diesen im Vergleich zu 10 Hz relativ hohen Wechsellichtfrequenzen f_2 wurde die Durchlässigkeit $D_\sim$ der Sektorblenden, wie oben beschrieben, gemessen. Dabei wurde für jede Sektorblende die Messung bei verschiedenen Verstärkungen und bei verschiedenen Stellungen der Sektorkante zum Strahlenquerschnitt (so daß verschiedene Stellen des Sektors zur Strahlenschwächung wirksam werden) durchgeführt. Die ebenfalls in Tabelle 1 angegebenen Durchlässigkeiten $D_\sim$ sind die jeweils aus den erhaltenen Meßreihen gebildeten Mittelwerte. Der mittlere Fehler (vgl. Abschn. 3.1a.) von $D_\sim$ liegt zwischen $\pm 0{,}04\%$ und $\pm 0{,}09\%$ absolute Durchlässigkeit. Die wirkliche Ungenauigkeit ist wegen systematischer Fehler (z. B. nicht vollkommen lineare Skala sowie unterschiedliche Fehler in verschiedenen Meßbereichen des Röhrenvoltmeters) größer und kann bis zu $\pm 0{,}4\%$ betragen. Danach besteht also praktisch Übereinstimmung zwischen den aus dem Zentriwinkel und den nach der optisch-elektrischen Methode ermittelten Durchlässigkeiten, wie die Differenzen $D_\alpha - D_\sim$ zeigen. Wegen gemäß Abschnitt 3.1a. etwas geringerer Unsicherheit der D_α-Werte legen wir jedoch diese bei der Linearitätsprüfung mit den rotierenden Sektorblenden zugrunde.

3.2 Linearitätsprüfung des UR 10 mit rotierenden Sektorblenden

Die prinzipielle Brauchbarkeit der rotierenden Sektorblenden zur Linearitätsprüfung bzw. Eichung der Durchlässigkeitsanzeige des UR 10 ist mit der in der Prüfeinrichtung nach Abschn. 3.1b. gefundenen Übereinstimmung zwischen $D_\sim$ und D_α — wobei $D_\sim$ praktisch unter

[1]) Kleinstmotor (27 V; 0,36 A; 3,6 W).

den im UR 10 vorliegenden meßtechnischen Bedingungen gemessen wurde — für die angewandte Frequenz $f_2 \geqq 560$ Hz bereits erwiesen.[1])

Bei der praktischen Anwendung werden die Sektorblenden in den Meßstrahlengang des UR 10 eingesetzt und die Abweichungen der vom UR 10 angezeigten Durchlässigkeiten von den Sollwerten D_α gemessen.

Die von uns angefertigte und benutzte Einrichtung zeigt Abb. 3. Der Gleichstrommotor befindet sich in einer Halterung, die in den Küvettenträger im Küvettenraum des UR 10 einsetzbar ist. Dadurch erübrigt sich bei der Modulation über die Breite des Brennerbildes eine vertikale und seitliche Justierung der Sektorscheibe. Die Betriebsspannung des Motors wird der bereits erwähnten „24 V"-Dose des UR 10 (liefert im allgemeinen ca. 26,5 V) entnommen, so daß eine zusätzliche Spannungsquelle für die Einrichtung entfällt.

Abb. 3.
Einrichtung zur Linearitätsprüfung mit rotierenden Sektorblenden

Die Einrichtung mit rotierenden Sektorblenden hat gegenüber der Schachbrettblende den Vorteil der Anwendbarkeit im gesamten Spektralbereich sowie der völlig homogenen Ausleuchtung der Empfängerfläche. Ein Nachteil besteht darin, daß man zur Erzielung geringer Durchlässigkeitsstufen, wie sie bei einer Linearisierung der Meßblende (Linearitätsprüfung mit mechanischer Nacharbeit) unerläßlich sind, eine unbequem hohe Zahl von verschiedenen Blenden benötigt.

Während die in der benutzten Einrichtung realisierten Frequenzen f_2 eine zuverlässige Linearitätsprüfung garantieren, werden im folgenden die Fehler näher untersucht, die bei der Wahl zu geringer Frequenzen f_2 auftreten.

3.3 Störeffekte bei zu niedriger Frequenz der Sektorblenden

a) Messung von $D_\sim$ als Funktion von f_2

Da bei tiefen Frequenzen f_2 von vornherein Überlagerungserscheinungen des von der Untersuchungssektorblende erzeugten Wechsellichtes mit dem 10 Hz-Wechsellicht zu erwarten sind, wurde als erstes untersucht, wie sich $D_\sim$ in der unter Abschn. 3.1b. beschriebenen Prüfeinrichtung — und damit unabhängig von den Eigenschaften des Regelkreises und der Anzeige im UR 10 — mit der Wechsellichtfrequenz f_2 der Untersuchungsblende ändert.

[1]) D. h., daß das TALBOTsche Gesetz unter den vorliegenden Bedingungen tatsächlich erfüllt ist, was nicht von vornherein der Fall sein brauchte.

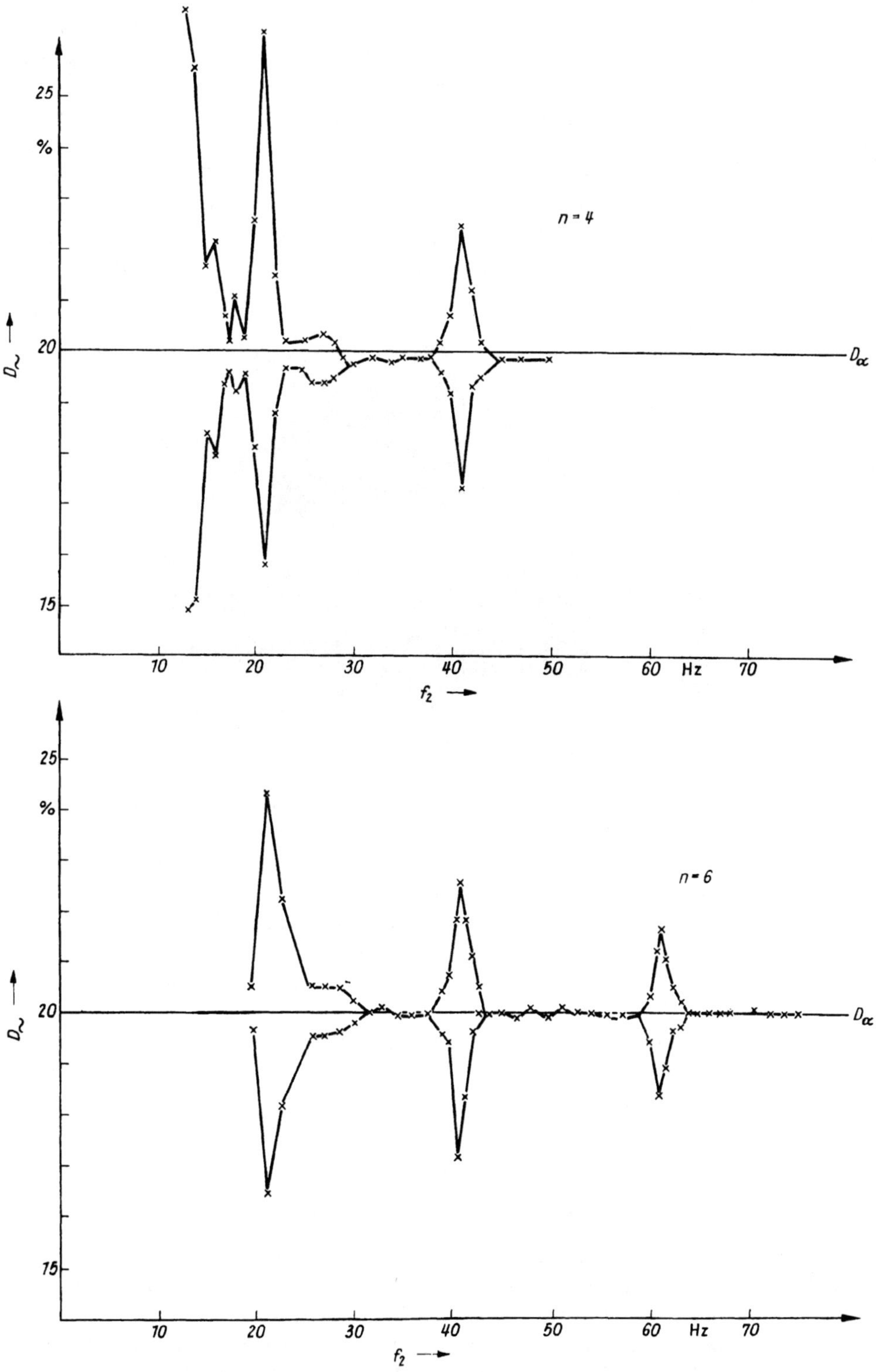

Abb. 4. Durchlässigkeit $D_\sim$ bei tiefen Wechsellichtfrequenzen f_2 der Sektorblenden in der mit 10 Hz-Wechsellicht arbeitenden Prüfeinrichtung für thermische Strahlungsempfänger

Bei den Messungen mit veränderlichen tiefen Frequenzen wurde eine Anordnung benutzt, in der von einem Tonfrequenzgenerator über einen nachfolgenden Leistungsverstärker und Transformator ein kleiner Synchronmotor angetrieben wird, der in einem relativ breiten Bereich mit dem Generator, an dem die Frequenz abgelesen wird, synchron läuft (wurde mit PbS-Photowiderstand wie unter 3.1 b. überprüft).

In Abb. 4 ist die mit einer 4flügeligen und einer 6flügeligen 20%-Sektorblende gemessene Abhängigkeit des Spannungsverhältnisses $D_\sim$ von der Frequenz f_2 aufgetragen.

Infolge der Überlagerung von $f_1 = 10$ Hz und f_2 erscheinen im Zusammenwirken mit den Filtereigenschaften des selektiven Verstärkers im untersuchten Frequenzbereich (13 bis 75 Hz) bei $f_2 = 20$, 40, 60 Hz starke Schwebungsmaxima der Ausgangsspannung am Verstärker, die in diesen Bereichen sichere Messungen unmöglich machen. Aufgetragen sind die in größeren Beobachtungszeiträumen gemessenen und in $D_\sim$-Werte umgerechneten Maximalamplituden der Schwebungen. Dazwischen liegen ungestörte Bereiche (um 30, 50, 70 Hz), in denen der $D_\sim$-Wert nur wenig um den Endwert streut, welcher um nicht mehr als $\pm 0{,}2\%$ absolute Durchlässigkeit von D_α der beiden hier benutzten, in Tab. 1 nicht mit erfaßten Sektorblenden abweicht. Qualitativ gleiche Ergebnisse wurden auch mit 50%-Sektorblenden erhalten.

b) Durchlässigkeitsanzeige des UR 10 in Abhängigkeit von f_2

Die entsprechenden Messungen mit einer 4- und einer 6flügeligen 50%-Sektorblende ($D_\alpha = 48{,}4\%$ bzw. $50{,}0\%$) im UR 10 ergaben die in Abb. 5 dargestellte Durchlässigkeitsanzeige $D_{\text{UR }10}$. Das Ergebnis entspricht erwartungsgemäß qualitativ vollkommen dem in Abb. 4 für $D_\sim$ dargestellten Verlauf, d. h. bei $f_2 = 20$, 40, 60 Hz treten sehr starke Schwingungen des Regelkreises und damit des Schreibstiftes auf, die eine Messung sinnlos machen, während in den Zwischenbereichen um 30, 50 und 70 Hz nahezu ungestörte Verhältnisse vorliegen, — insbesondere bei den höheren Frequenzen (50 und 70 Hz). Die Messungen wurden bei fester Wellenzahl (LiF-Bereich 1800 cm^{-1}), Spaltprogramm 8, Schreibzeit 12 s (für Vollausschlag) und Bandbreite 1 des Verstärkers durchgeführt.

In diesem Zusammenhang sind uns die in [9] veröffentlichten Durchlässigkeitskurven (daselbst, Abb. 2 und 3) unerklärlich, bei denen gerade 20 Hz nur eine minimale Abweichung und ab 50 Hz (also auch bei 60 Hz) praktisch gar keine Abweichung vom Sollwert mehr auftritt.[1]

c) Störspannung in Abhängigkeit von f_2

Eine weitere Einschränkung für die Anwendung rotierender Sektoren zur Linearitätsprüfung des UR 10 kann das Auftreten einer zu großen Störspannung sein. Darunter versteht man diejenige Spannung, die trotz Nachstellens der vom Regelkreis gesteuerten Meßblende am Verstärkerausgang verbleibt und gegebenenfalls die Durchlässigkeitsanzeige verfälschen kann.

Es wurde die Störspannung zunächst mit in den Meßstrahlengang gesetzter 50%-KRS5-Scheibe nach Vorschrift [1] gemessen. D. h., es wurde bei ausgeschaltetem Schreibstiftmotor der Abgleich bei 50% von Hand um plus und minus 5% verstimmt und jeweils der Verstärker auf 50V-Röhrenvoltmeteranzeige eingestellt. Nach Einstellung des Mittelwertes der so gefundenen Verstärkungen wurde sodann das Gerät erneut von Hand abgeglichen. Dadurch ist die Möglichkeit gegeben, die Störspannung in %-Durchlässigkeitsanzeige am Röhrenvoltmeter abzulesen (1 V = 0,1% Durchlässigkeit).

Die so erhaltene Störspannung ohne Sektorscheibe betrug bei LiF 1800 cm^{-1} und LiF 4900 cm^{-1} 0,2% (Abb. 6, unten).

[1]) Möglicherweise lag hierbei ein systematischer Frequenzfehler und eine ungünstige Einstellung des Verstärkers vor.

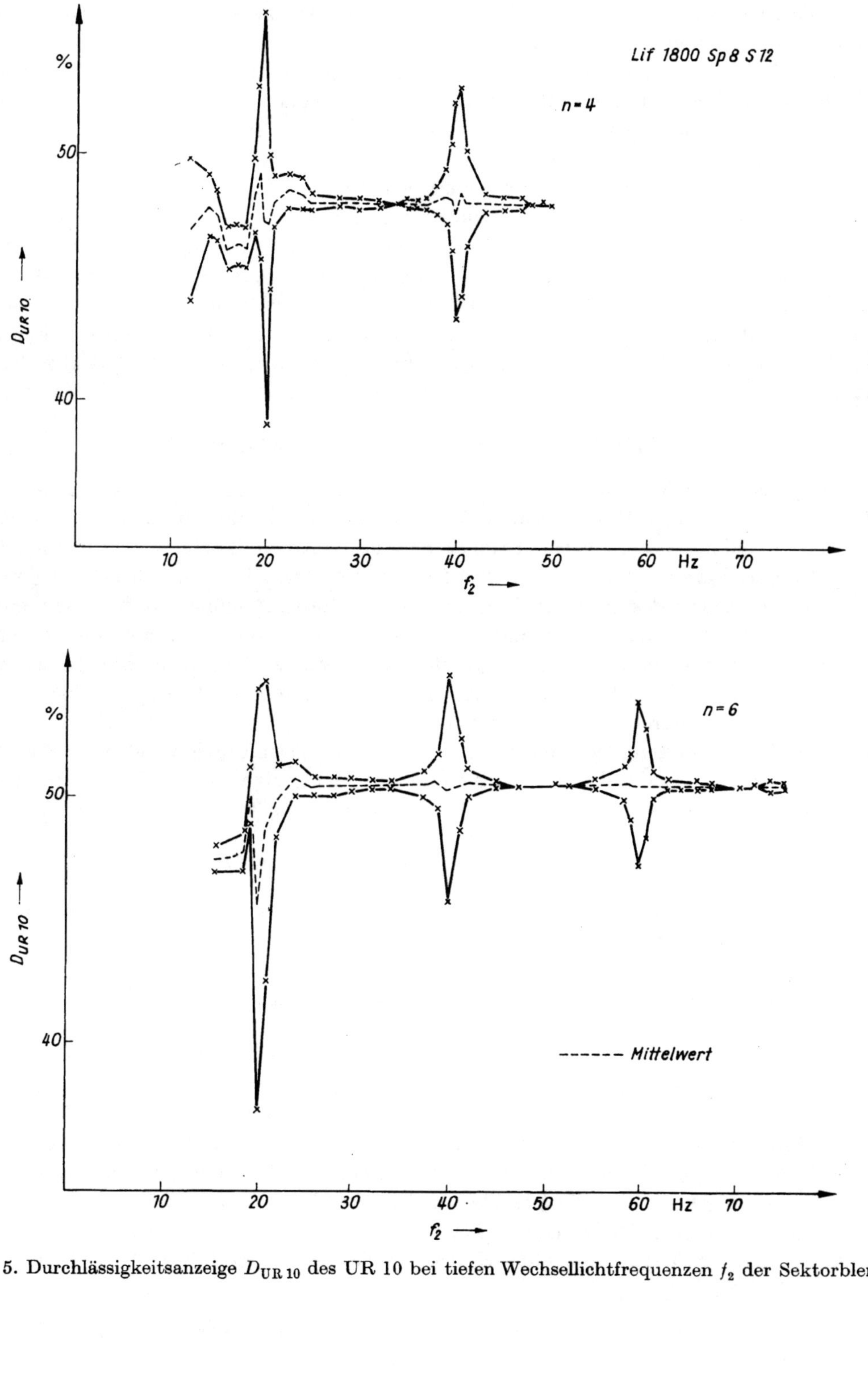

Abb. 5. Durchlässigkeitsanzeige $D_{UR\,10}$ des UR 10 bei tiefen Wechsellichtfrequenzen f_2 der Sektorblenden

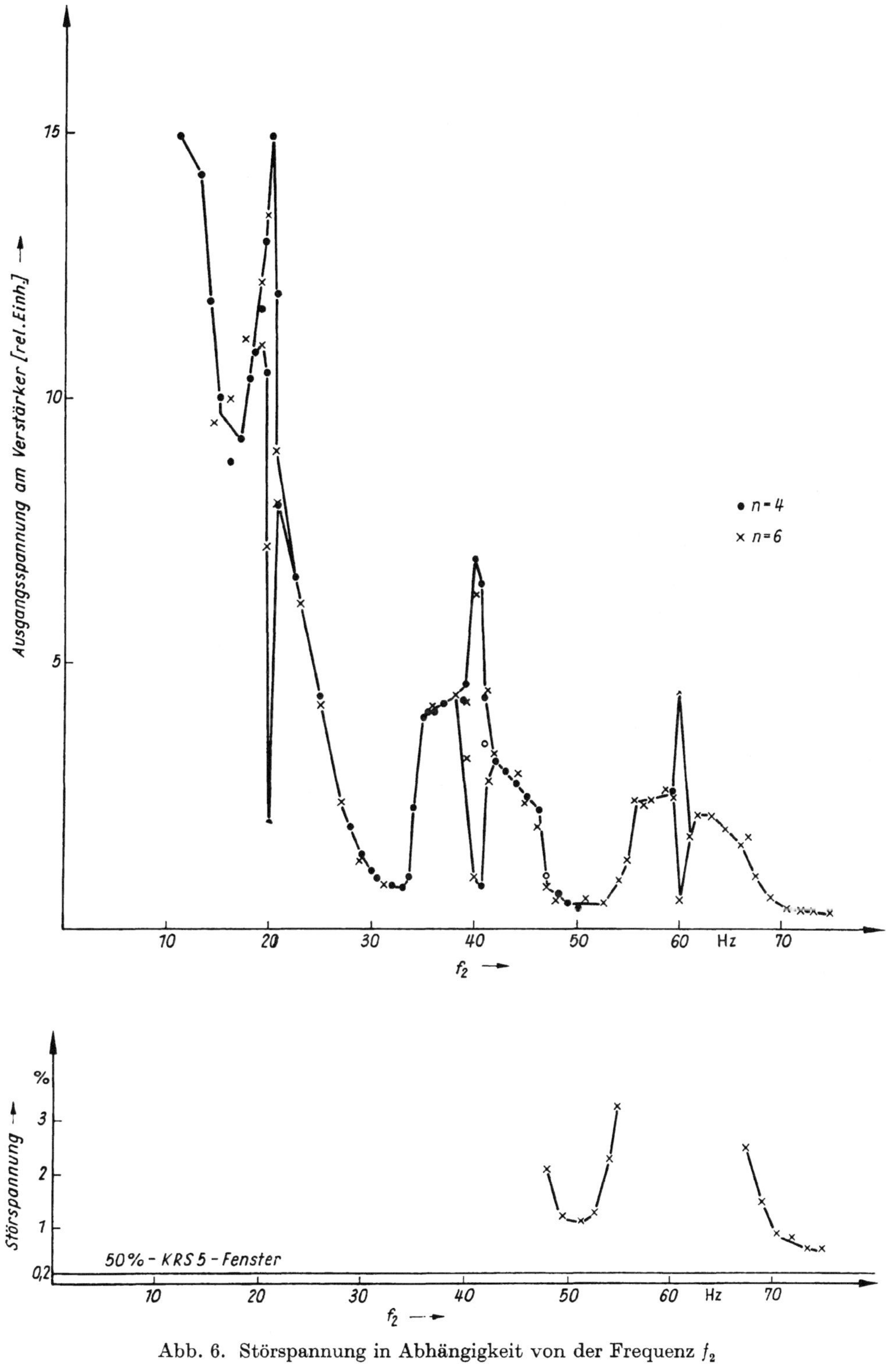

Abb. 6. Störspannung in Abhängigkeit von der Frequenz f_2

Mit einer 50%-Sektorscheibe im Meßstrahlengang betrug die Störspannung mit $f_2 = 560$ Hz bei LiF 1800 cm^{-1} und LiF 4900 cm^{-1} ebenfalls 0,2%. Bei hohen Frequenzen f_2 tritt also keine Erhöhung der Störspannung auf.

Bei niedrigem f_2 dagegen ist die Störspannung zunächst so hoch, daß sie nicht nach Vorschrift (Eichung des Röhrenvoltmeters in % Durchlässigkeit) gemessen werden kann. Um trotzdem ein Maß für die Größe der Störspannung zu haben, wurde die Verstärkung beibehalten, wie sie zur vorschriftsmäßigen Messung mit einer KRS5-Scheibe im Meßstrahlengang notwendig war. Bei dieser Verstärkung und automatischem Abgleich wurde die am Verstärkerausgang aufgetretene Spannung gemessen. Das Ergebnis zeigt Abb. 6 (oben).

Bei $f_2 = 20$, 40, 60 Hz treten wiederum — in Analogie zu Abb. 4 und 5 — Schwebungen auf. Auch in den dazwischenliegenden Bereichen um 30, 50, 70 Hz übersteigt die Störspannung die Toleranz (5 V = 0,5% Durchlässigkeit). Die Messung nach Vorschrift ergab bei 50 Hz 1,2% und bei 75 Hz 0,65% (Abb. 6, unten). Die Ergebnisse stimmen bei LiF 1800 cm^{-1} und 4900 cm^{-1} überein.

Aus diesen Untersuchungen geht hervor, daß die in [9] festgelegte untere Grenzfrequenz von $f_2 = 55$ Hz keineswegs ausreichend ist. Für einwandfreie Durchlässigkeitseichungen des UR 10 mit rotierenden Sektorblenden müssen wir nach unseren Ergebnissen etwa eine Wechsellichtfrequenz der Blende $f_2 \geqq 110$ Hz vorschreiben.

4. Elektrische Linearisierungseinrichtung

Bei der dritten von uns angewandten Methode wurde eine elektrische Linearisierungseinrichtung benutzt, deren Schaltung in Abb. 7 wiedergegeben ist. Sie besteht aus einem Präzisionsspannungsteiler, der in Verbindung mit der Einstrahleinrichtung [1] [10] des UR 10 eine Prüfung der Durchlässigkeitsanzeige in Stufen von 2% (bzw. 4%) zwischen 0 und 100% ermöglicht.[1])

Bei der Messung wird der Meßstrahlengang wie beim üblichen Einstrahlbetrieb geschlossen, während jedoch der Stufenschalter des am Vorverstärkergehäuse befindlichen Einstrahl-Spannungsteilers auf Stellung 0 bleibt. Dadurch bleibt der Einstrahl-Spannungsteiler für den

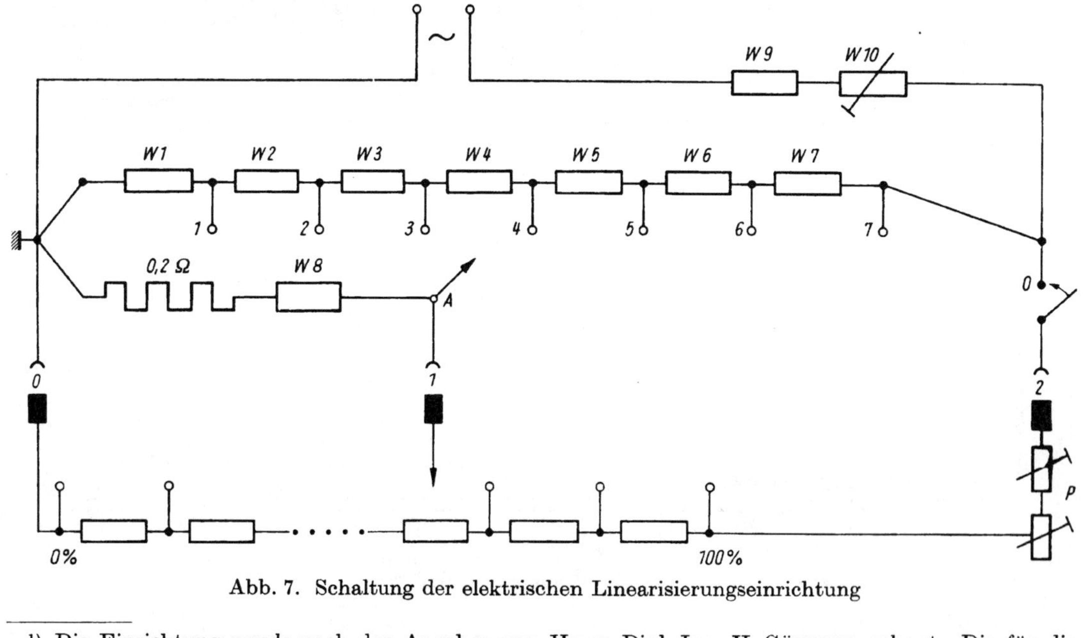

Abb. 7. Schaltung der elektrischen Linearisierungseinrichtung

[1]) Die Einrichtung wurde nach den Angaben von Herrn Dipl.-Ing. H. Günther gebaut. Die für die einzelnen Stufen des Spannungsteilers verwendeten Widerstände sind ausgesuchte 1%-Widerstände.

Eingangswiderstand (0,2 Ω) des Vorverstärkers wirkungslos, denn in Stellung 0 ist der Punkt A mit keinem der Anschlüsse 0 bis 7 verbunden. Die vom Einstrahl-Generator gelieferte sinusförmige Spannung (10 Hz, 2 V) liegt an Buchse 2 und damit an dem zwischen 2 und 0 angeschlossenen Spannungsteiler der Linearisierungseinrichtung. Mit dem Stufenschalter der Einrichtung (Abb. 8) können die zur Eichung benutzten definierten Spannungsstufen — die die Strahlungsleistung des Meßstrahlenganges ersetzen — eingestellt und über Buchse 1 dem Vorverstärker (über 0,2 Ω) zugeführt werden. Der Anschluß der Einrichtung erfolgt mit dem im Bild sichtbaren Stecker in eine entsprechende Buchse, die nach Abnahme der Kappe am Einstrahlspannungsteiler zugänglich wird.

Abb. 8. Elektrische Linearisierungseinrichtung

Die Linearitätsprüfung wird bei Spaltprogramm 4 und fester Wellenzahl durchgeführt. Die zweckmäßigsten Geräteeinstellungen sind dabei: Registriergeschwindigkeit 50 cm^{-1}/min. Registriermaßstab 32 mm/100 cm^{-1} und Schreibzeit 32 sec (für Vollausschlag). Die Verstärkung wird so eingestellt, daß der Schreibstift leicht überschwingt. Voraussetzung für richtige Ergebnisse ist ferner noch die vorherige Kontrolle und gegebenenfalls Nachjustierung der Schreibstiftlage (0%-Linie), der Phasenlage der Einstrahlspannung (muß mit drehbarem Stator des Generators möglichst genau durchgeführt werden) sowie der Störspannung (muß in Toleranz sein) (nähere Angaben s. [1]). Danach wird bei Stellung 100% des Stufenschalters der Schreibstift mit den beiden Potentiometern P (Abb. 7) genau auf 100% eingestellt und die 100%-Linie geschrieben; sodann wird der Spannungsteiler stufenweise zu kleineren Werten eingestellt und jeweils ein zur genauen Ablesung der D-Anzeige ausreichend langes Kurvenstück geschrieben.

Die hauptsächlichste Fehlermöglichkeit der Methode ist die mögliche Schwankung der Brennertemperatur — vor allem bedingt durch Netzspannungsschwankungen — die sich in einer Änderung der 100%-Stellung des Schreibstiftes äußert und die Messung entsprechend verfälscht. Es ist daher notwendig, die 100%-Linie während einer Meßreihe mehrmals zu kontrollieren und gegebenenfalls mit den Potentiometern P nachzustellen. Außerdem empfiehlt sich die Verwendung eines Netzspannungsreglers (1%-Regler)[1]) für die Brennerstromphase.

[1]) Z. B. Automatischer Netzregler NRA 220/10 vom VEB Technisch-Physikalische Werkstätten Thalheim/Erzgeb.

5. Abschließender Vergleich der drei Methoden

Mit allen drei hier diskutierten Methoden wurde die Linearitätsprüfung jeweils an ein- und demselben UR 10 durchgeführt, und zwar mit elektrischer Linearisierungseinrichtung und mit rotierenden Sektorblenden ($f_2 = 560$ Hz bei $n = 4$; $f_2 = 840$ Hz bei $n = 6$) bei den Wellenzahlen NaCl 1300 cm^{-1}, LiF 2100 cm^{-1}, LiF 3000 cm^{-1} und LiF 4600 cm^{-1}) mit Schachbrettblende wegen der begrenzten Durchlässigkeit des Glases nur bei LiF 4600 cm^{-1}. Dabei wurde der gesamte Bereich der UR 10-Anzeige von 0 bis 100% überdeckt. Die Ergebnisse sind in Abb. 9 wiedergegeben, wobei die Abweichungen der Durchlässigkeitsanzeige des UR 10 über den jeweiligen Sollwerten der Durchlässigkeit aufgetragen sind. Es zeigt sich, daß die Meßpunkte bei allen drei Methoden nicht mehr als $\pm 1\%$ vom Sollwert abweichen. Während die Ergebnisse der elektrischen Linearisierungseinrichtung und der rotierenden Sektorblenden gut übereinstimmen, weichen die Punkte der Schachbrettblende innerhalb der Toleranz etwas ab. Diese Abweichung ist jedoch bedeutungslos, wenn man die unvermeidlichen absoluten

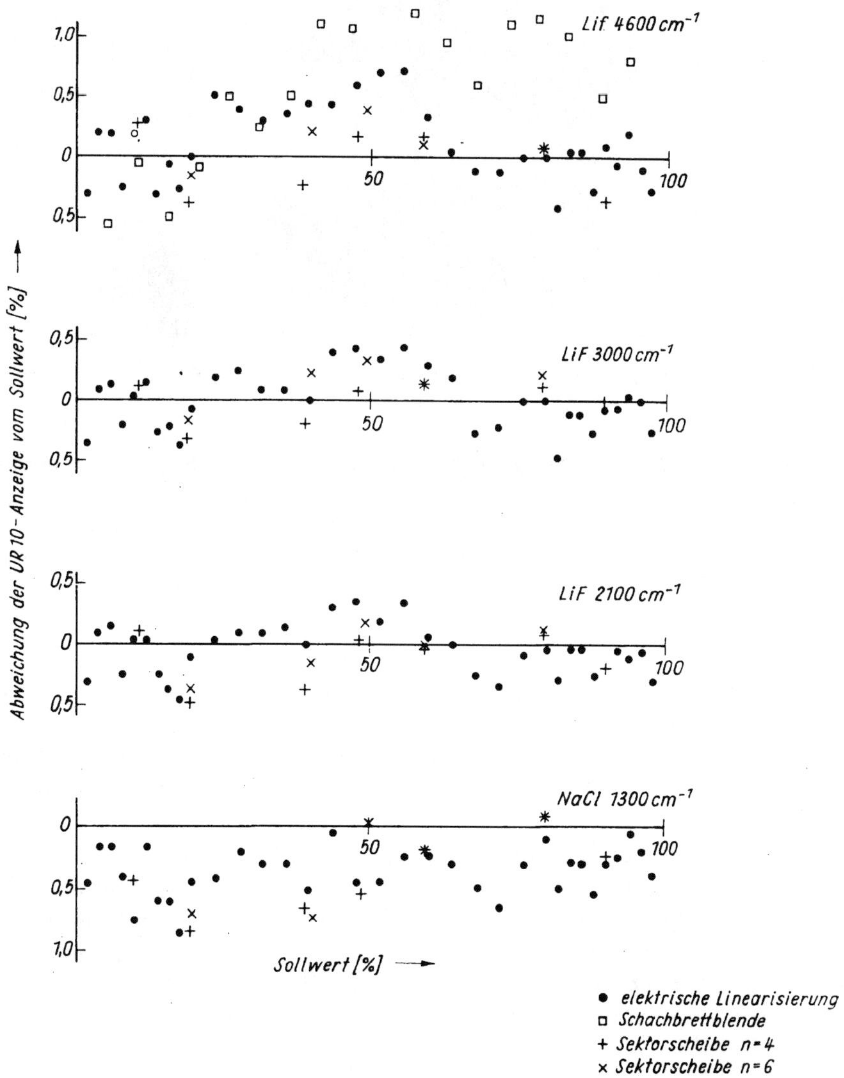

Abb. 9. Linearitätsprüfung eines UR 10 bei verschiedenen Wellenzahlen und mit drei verschiedenen Methoden

Ungenauigkeiten aller drei Methoden sowie die Reproduzierbarkeit der UR 10-Anzeige in Rechnung stellt. Letztere betrug bei Verwendung rotierender Sektoren ca. ±0,1 %, bei der Schachbrettblende ±0,2 % und mit elektrischer Linearisierungseinrichtung (bedingt durch unvermeidliche Netzspannungsschwankungen) ca. ±0.3 %.

6. Schlußfolgerungen

Wie die vorliegenden Untersuchungen gezeigt haben, liefern alle drei von uns angewandten Methoden bei Einhaltung der dargelegten Vorbedingungen ausreichend genaue Durchlässigkeitswerte. Da die Methoden vollkommen voneinander unabhängig sind, können gegebenenfalls auftretende systematische Fehler (z. B. infolge Beschädigung einer Prüfeinrichtung) sofort erkannt werden.

Durch sorgfältige Prüfung wird gewährleistet, daß die absoluten Ungenauigkeiten der UR 10-Anzeige im allgemeinen die in Abschn. 2 angegebenen Toleranzgrenzen nirgends erreichen. Die in einigen Fällen [9] mit rotierenden Sektorblenden festgestellten, weit außer Toleranz liegenden Abweichungen der Durchlässigkeitsanzeige (bis zu ca. 4 %) können daher nur auf einer nachträglichen, durch unsachgemäße Behandlung verursachten Dejustierung wichtiger Geräteteile oder einer mechanischen Deformierung der Kammblende beruhen. So kann bei jedem Ultrarot-Spektralphotometer z. B. der Austausch oder auch bereits die Dejustierung des Strahlungsempfängers wegen unterschiedlicher Empfindlichkeitsverteilung der Empfängerflächen zu erheblichen Störungen der Linearität führen. Aus diesem Grunde ist bei jeder Änderung des aufeinander abgestimmten Systems ,,Meßblende —Empfänger" eine nachträgliche Überprüfung der Linearität notwendig. Bei Abweichungen, die größer als die unter Abschn. 2 angegebenen sind, ist eine Nachlinearisierung erforderlich. Diese Arbeiten können nur vom Kundendienst des Herstellerwerkes ausgeführt werden, dessen Anforderung auch bei den in [9] beschriebenen Fällen unbedingt hätte erfolgen müssen.

Auf die Fehlermöglichkeiten bei Verwendung rotierender Sektorblenden wurde bereits eingehend hingewiesen. Es sei aber nochmals gesagt, daß vor jeder Linearitätsprüfung die übrigen physikalischen Bedingungen [1] des UR 10 (z. B. Schreibstiftlage, Phasenlage, Störspannungsymmetrie) in Toleranz sein müssen und daß ferner bei der Durchführung der Prüfung selbst richtige Geräteeinstellungen (z. B. der Verstärkung) Voraussetzung für zuverlässige Ergebnisse sind.

Literatur

[1] Ultrarot-Spektralphotometer UR 10, Aufbauanleitung. Zeiss-Druckschriften-Nr. 32—G1/380b—1.

[2] Büttner, H., Über die Zusatz-Kompensationsblende zur Vergleichsstrahlschwächung im UR 10. Demnächst erscheinender Aufsatz in Jenaer Rdsch.

[3] Kortüm, G., Kolorimetrie, Photometrie und Spektrometrie. Springer-Verlag, Berlin 1955, S. 78, 123, 148, 280.

[4] Volkman, H., Über ein Hilfsmittel zur Aufnahme von IR-Spektren verhältnismäßig kleiner oder wenig durchlässiger Proben. LEITZ-Mitt. Wiss. u. Techn. **1**, Nr. 8 (1961) 244.

[5] Stewart, J. E., A Rotating-Sector Attenuator of Adjustable Transmittance for Precise Spectrophotometry. Appl. Optics **1**, No. 1 (1962) 75.

[6] Kortüm, G., Über einen neuen rotierenden Sektor für Lichtschwächungen großer Genauigkeit. Z. Instrumentenkunde **54** (1934) 373.

[7] Richardson, H. M., Fowler, R. G. u. Coffman, M. L., An Intensity-Compensating System for Infrared Spectrophotometry. J. opt. Soc. America **43** (1953) 873.

[8] Kramer, L., Eine Prüfeinrichtung für thermische Strahlungsempfänger. Exp. Techn. Phys. **10** (1962) 207 und Jenaer Rdsch. **8**, H. 1 (1963).

[9] Fischer, H. und Nillius, O., Die Eichung von IR-Spektrometern mit Hilfe rotierender Sektoren. Exp. Techn. Phys. **9**, H. 2 (1961) 68.

[10] Büttner, H., Neue Zusatzgeräte zum Ultrarot-Spektralphotometer UR 10. Jenaer Rdsch. **5**, H. 2 (1960) 67 und Chem Rechn. **13**, H. 4 (1961) 233.

Diskussion

Auf die Frage von Bearbeitern, die vorwiegend mit Spaltprogramm 2 registrieren, warum die Eichung nicht auch mit Spaltprogramm 2 durchgeführt werden kann, erwiderten die Vertreter von Zeiss, daß eine Eichung selbstverständlich dort durchgeführt werden muß, wo die Registrierbedingungen des Gerätes besonders günstig sind.

Herr Kramer führte weiter aus, daß beim Übergang zum Spaltprogramm 2 bei der Linearitätsprüfung die auftretenden Fehler auf alle Fälle kleiner sind als die Meßfehler, die beim Arbeiten mit Spaltprogramm 2 entstehen.

Die Frage von Herrn Möbius, ob eine laufende Temperaturkontrolle des Brenners notwendig sei, wurde von den Vertretern von Zeiss verneint. Sie hat lediglich Sinn im Einstrahlbetrieb. In diesem Falle ist es jedoch sinnvoller, die Netzspannung konstant zu halten. Eine exakte Temperaturmessung ist nur mit Pyrometern möglich, eine Kontrolle der aufgenommenen Leistung würde von Brenner zu Brenner schwanken und versagt bei Brennerwechsel.

Die Frage von Herrn Wilhelmi nach der Linearität des Empfängers wurde von den Zeiss-Vertretern dahingehend beantwortet, daß bei Aufnahme von Strahlungsleistungen kleiner als 10^{-5} W die im UR 10 eingebauten Thermoelemente stets linear anzeigen.

Über einen Zweitschreiber für das UR 10

H. Büttner und H. Riegler

VEB Carl Zeiss Jena, Labor für optische Meßgeräte

Der im VEB Carl Zeiss entwickelte Standard-Kompensationsschreiber wird in mehreren Ausführungen hergestellt, die an verschiedene Meßaufgaben angepaßt sind. Eine ausführliche Beschreibung des Aufbaus und der Wirkungsweise wird von Riegler und Möbius demnächst veröffentlicht [1]. An dieser Stelle soll über die Ausführung als Zweitschreiber für das Ultrarot-Spektralphotometer UR 10 berichtet werden.

1. Beschreibung

In der äußeren Ausführung, im mechanischen Aufbau und in wichtigen elektrischen Teilen gleicht der UR 10-Zweitschreiber (Abb. 1) den anderen Typen. Das Eingangschassis des Verstärkers ist allerdings dem speziellen Verwendungszweck des Schreibers angepaßt. Die Einstellknöpfe und Schaltstellungen auf der Frontplatte des Verstärkereinschubs sind entsprechend bezeichnet.

Der UR 10-Zweitschreiber ist als Tintenschreiber ausgeführt. Er ist mit einem Bandtransportwerk ausgerüstet. Die Papierbreite beträgt 250 mm. Davon werden 200 mm für die Registrierbreite ausgenutzt. Im Vergleich zur Registrierung mit dem UR 10-Schreibwerk wird auch bei Stellung des Meßbereichsschalters auf 1× das Spektrum mit zweifacher Ordinatendehnung aufgezeichnet. Auf dem unterhalb der Nullinie freibleibenden Streifen von 50 mm werden die Markierungsstriche geschrieben. Der Markenschreiber und die zugehörige Spannungsquelle sind eingebaut. Das Auslösen der Markierung geschieht durch einen Umschaltkontakt, der an der Eingangssteckbuchse angeschlossen wird. Hierdurch werden die Wellenzahlmarkierungen des UR 10 auf den Zweitschreiber übertragen.

Mit Hilfe von Wechselrädern kann der Papiervorschub in 18 Stufen zwischen 900 mm/min und $^2/_3$ mm/min verändert werden. Die Getriebe sind nach Herausklappen des Papiertransportwerks zugänglich. Mit dem Meßbereichsschalter wird die Ordinatenskala der Registrierung ausgewählt. Bei Aufzeichnung der Durchlässigkeit sind drei verschieden große Ordinatenmaßstäbe und bei Aufzeichnung der Extinktion zwei unterschiedliche Meßbereiche einstellbar.

Die Einstellzeit des Schreibers beträgt 1 sec für Vollausschlag auch in den Extinktionsbereichen. Dadurch kann er allen Schreibstiftbewegungen des UR 10 folgen; nur bei den größten Meßbereichdehnungen ist beim Registrieren scharfer Banden auf das Einstellen geeigneter Meßbedingungen zu achten.

Am Ausgang des Schreibers liegen die Anschlüsse eines Präzisionspotentiometers, dessen Schleifer gleichzeitig mit dem Kompensationspotentiometer mitbewegt wird. Damit ist die Möglichkeit zur weiteren Meßwertverarbeitung geboten. Es kann z. B. ein Nachlaufschreiber oder ein Integrator angeschlossen werden. Der hierfür vorgesehene Integrator befindet sich in Entwicklung.

Zum Anschluß des Zweitschreibers muß in das UR 10 eine justierte Potentiometergruppe eingebaut werden. Der Schleifer des Geberpotentiometers wird dabei mit dem Antrieb der Meßblende gekoppelt. An den Auslösekontakten für die Wellenzahlmarkierung im UR 10

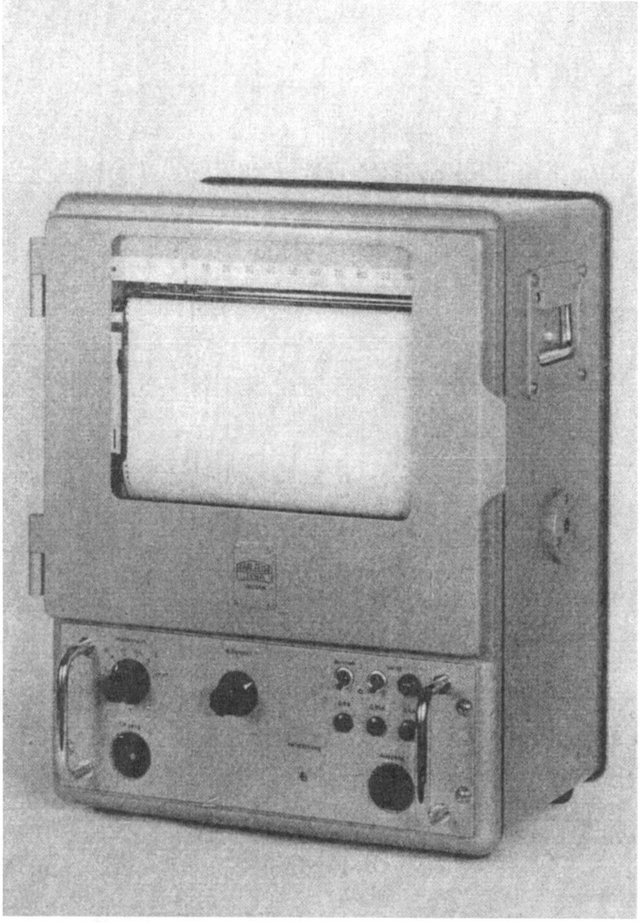

Abb. 1. Zweitschreiber für das UR 10

wird der Umschaltkontakt des Markenschreibers angebracht. Außerdem müssen die zugehörigen Verbindungsleitungen und die Anschlußsteckdose installiert werden.

Abb. 2 zeigt das Prinzipschema des Zweitschreibers. Das Geberpotentiometer bildet mit dem im Schreiber eingebauten linearen oder logarithmischen Potentiometer eine Brückenschaltung. Wird diese Brücke durch die veränderte Stellung des Geberpotentiometers verstimmt, so entsteht an den Zerhackerkontakten eine Gleichspannung, deren Polarität von der Richtung der Verstimmung abhängt. Durch das Zerhackerrelais wird die Gleichspannung in eine Wechselspannung entsprechender Phasenlage umgeformt. Im Verstärker wird diese Wechselspannung soweit verstärkt, daß durch einen Stellmotor SM das Kompensationspotentiometer dem Geberpotentiometer nachgeführt wird.

Wird der Strom erhöht, der durch das Geberpotentiometer fließt, so bewirkt bereits eine entsprechend geringere Winkeländerung am Geberpotentiometer Vollausschlag am Schreiber. Auf diese Weise können Ausschnitte aus der Originalregistrierung durch den Zweitschreiber gedehnt aufgezeichnet werden. Es lassen sich bei Durchlässigkeitsregistrierung außer der normalen Aufzeichnung des gesamten Bereichs von 0 bis 100% Maßstabsdehnung von 2- und 5mal mit dem Meßbereichsschalter einschalten. In Abb. 2 ist diese Einstellmöglichkeit rechts unten am Geber eingezeichnet.

Um beliebige Ausschnitte des Spektrums gedehnt aufzuzeichnen, muß der Nullpunkt in einem weiten Bereich verschoben werden können. Hierzu dient die mit „Nullpunkt" bezeichnete Brückenschaltung. Sie liefert eine veränderliche Spannung, die zwischen dem Schleifer des Geberpotentiometers und dem Kontakt des Zerhackerrelais eingefügt ist.

Zur Aufzeichnung der Extinktion in linearem Maßstab wird die Spannung vom Schleifer des logarithmischen Potentiometers abgegriffen. Die Extinktion wird ebenfalls mit an steigenden Ordinatenwerten registriert. Gegenüber der Durchlässigkeitsaufzeichnung muß infolgedessen bei Umschaltung auf einen Extinktionsbereich die Phase um 180° gedreht werden. Dies geschieht dadurch, daß mit Hilfe des Meßbereichsschalters die Kontakte des Zerhackerrelais vertauscht an die Brückenschaltung angeschlossen werden.

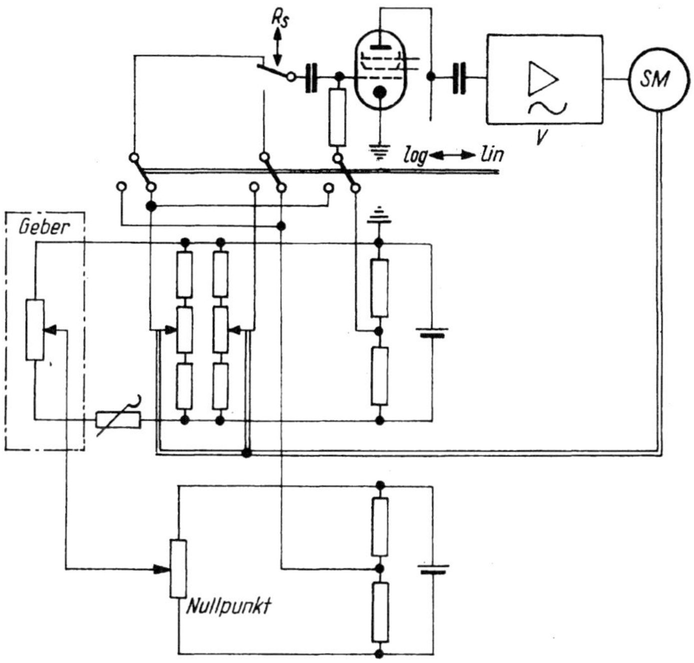

Abb. 2. Prinzipschema des Zweitschreibers

Weiterhin ist eine Änderung des Verstärkungsgrades im Verhältnis 1:10 in Abhängigkeit vom angezeigten Wert notwendig. Anderenfalls kann der Schreibstift bei den hohen Extinktionswerten dem Meßwert nur langsam folgen. Scharfe Banden würden dann nicht richtig wiedergegeben. Eine Erhöhung des Verstärkungsgrades würde dagegen ein schlecht gedämpftes Übergangsverhalten bei kleinen Extinktionswerten zur Folge haben. Durch die Verstärkungskorrektur wird an jeder Stelle des Meßbereichs praktisch gleiches Schreibverhalten erzielt. Für die Korrektur wird die angenähert exponentielle Abhängigkeit der Steilheit einer Regelröhre von der Gitterspannung benutzt. Die veränderliche Gitterspannung liefert das lineare Potentiometer, dessen Schleifer ohnehin mitbewegt wird.

Ein besonderes Netzteil liefert die Spannungen für die Brückenschaltung und für die Verschiebung des Nullpunkts sowie die negative Gittervorspannung der Regelröhre.

Der Antrieb des Zweitschreibers erfolgt unabhängig vom UR 10. Jede Zweitregistrierung wird also ursprünglich über einer Zeitskala aufgetragen. Erst die Übertragung der Wellenzahlmarkierungen durch den Markenschreiber wandelt sie in eine Wellenzahlskala um. Wird nun bei angeschlossenem Zweitschreiber die Registriergeschwindigkeit des UR 10 und damit der zeitliche Ablauf des Spektrums geändert, dann verändert sich auch der Wellenzahlmaßstab der Zweitregistrierung. Daraus folgt, daß es bei mitlaufender Zweitregistrierung unangebracht ist, mit dem Verzögerer zu arbeiten; denn der Maßstab der Wellenzahlaufzeichnung wird beim Ansprechen des Verzögerers völlig unregelmäßig verändert.

2. Anwendung der Ordinatendehnung

Die Fehler, die durch Lose der mechanischen Übertragungselemente und durch den Linearitätsfehler des Geberpotentiometers entstehen können, bleiben so gering, daß sie die Meßgenauigkeit praktisch nicht beeinflussen. Die elektrische Ordinatendehnung mit Hilfe des Zweitschreibers bewirkt somit eine genaue Vergrößerung der Originalregistrierung. Alle Unsicherheiten der Registrierkurve wie das Rauschen oder Linearitätsfehler der Meßblende werden im gleichen Verhältnis vergrößert aufgezeichnet.

Um aus der Ordinatendehnung einen wirklichen Nutzen ziehen zu können, müssen durch geeignete Meßbedingungen diese Unsicherheiten weitgehend herabgesetzt werden. Die photometrische Genauigkeit der Meßblende kann nicht ohne weiteres verändert werden. Wohl aber läßt sich durch geeignete Wahl der Einstellbedingungen das Signal-Rauschverhältnis vergrößern. Am wirksamsten geschieht dies durch Vergrößern der Spaltbreite. Da hierdurch gleichzeitig das Auflösungsvermögen vermindert wird, kann dieser Weg nicht immer beschritten werden. Zum Beispiel hängt die Genauigkeit in der Bestimmung des Extinktionskoeffizienten davon ab, daß das Verhältnis der spektralen Spaltbreite zur natürlichen Linienbreite genügend klein ist. Eine Möglichkeit zur Verminderung des Rauschpegels besteht darin, die Zeitkonstante des Meßsystems zu erhöhen. Im UR 10 bedeutet dies die Vergrößerung der Schreibzeit, wodurch offensichtlich auch ein langsameres Registrieren erforderlich wird. Solange die Reserven in den Registrierbedingungen durch Herabsetzen der Registriergeschwindigkeit ausgeschöpft werden, erfordert die Messung nur einen längeren Zeitaufwand. Wenn dagegen auf die Verminderung des Auflösungsvermögens zurückgegriffen werden muß, dann bedeutet dies auch in der quantitativen Analyse meist den Verlust an Information.

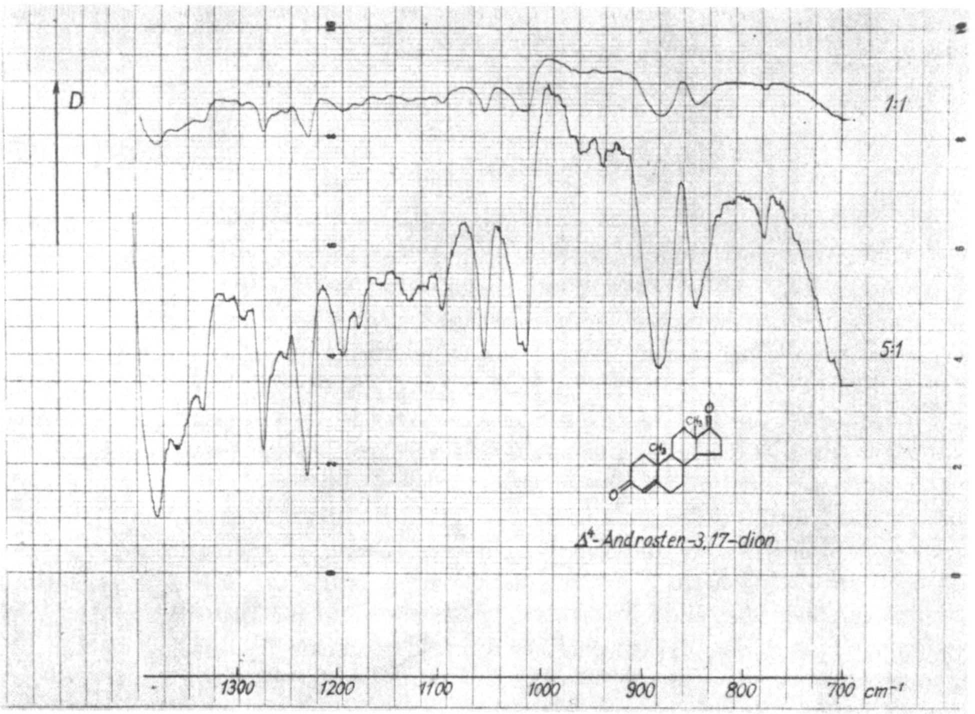

Abb. 3. Spektrum von Δ^4-Androsten-3,17-dion von 700 bis 1400 cm^{-1}.
Obere Kurve: Übertragung der UR 10-Aufzeichnung auf den Zweitschreiber.
Untere Kurve: dasselbe Spektrum mit 5facher Ordinatendehnung

Die Ordinatendehnung wird hauptsächlich zum Herabsetzen der spektroskopischen Nachweisgrenze eingesetzt. Im folgenden Beispiel wurde von dem einfachsten Mittel zum Verkleinern der Probenmenge, nämlich dem Verringern des Küvettenquerschnitts, Gebrauch gemacht. Damit keine Verluste durch Vignettierung eintraten, wurde der erforderliche Strahlenquerschnitt durch Anwendung der Mikrobeleuchtungseinrichtung [2] ebenfalls verkleinert.

6 μg eines Steroids wurden in Schwefelkohlenstoff gelöst und in eine Mikroküvette mit einem Volumen von 4 mm³ eingefüllt.[1]) Das Spektrum des Steroids zwischen 700 und 1400 cm^{-1} zeigt die obere Kurve von Abb. 3. Die CS_2-Absorption wurde durch eine mit Schwefelkohlenstoff gefüllte einstellbare Küvette kompensiert. Durch Einschwenken der Zusatz-Kompensationsblende [3] in den Vergleichsstrahlengang wurde das Spektrum so weit wie möglich nach großen Durchlässigkeitswerten verlagert. Hierdurch ergab sich bereits eine 1,4fache Dehnung der Durchlässigkeitsskala. Die untere Kurve wurde mit weiterer 5facher Ordinatendehnung durch den Zweitschreiber aufgezeichnet. Die Registrierbedingungen — Spaltprogramm 4, Registriergeschwindigkeit 50 cm^{-1}/min, Schreibzeit 32 s — sind bei beiden Kurven die gleichen. Die untere Kurve zeigt infolgedessen das vergrößerte Rauschen.

Da die Breite der Schreibspur nicht vergrößert wird, erfolgt durch die Ordinatendehnung immer eine Steigerung der Ableseungenauigkeit. Sofern nur die Schreibunruhe in der gleichen Größenordnung gehalten werden kann, wird die spektroskopische Nachweisgrenze um den Dehnungsfaktor verbessert.

3. Ordinatendehnung mit der Zusatz-Kompensationsblende

Da die Ordinatendehnung auch die Fehler der Meßblende vergrößert, ist es ungünstig, die Dehnung im Bereich sehr kleiner Durchlässigkeiten anzuwenden. Bei einer konstanten Unsicherheit in der photometrischen Genauigkeit wächst ja in diesem Gebiet der relative Fehler stark an. Hier wird die elektrische Ordinatendehnung mit Vorteil durch die Abschwächung des Vergleichsstrahls ersetzt.

Zum UR 10 wurde für diesen Zweck die bereits erwähnte Zusatz-Kompensationsblende (Abb. 4) entwickelt. Sie ist eine Kammblende, die der UR 10-Meßblende gleicht. Mit einer Halterung wird sie so vor der rechten Seitenwand des Küvettenraums befestigt, daß sie in den Vergleichsstrahl eingeschwenkt werden kann.

Abb. 4. Zusatz-Kompensationsblende zum UR 10

[1]) Herrn K. Wehrberger vom Institut für Mikrobiologie und experimentelle Therapie in Jena sind wir für die Beschaffung der Probe und für die Unterstützung bei der Aufnahme der Spektren zu Dank verpflichtet.

Die sich beim Einsetzen der Probe im Meßstrahlengang ergebenden Verluste werden durch die Kompensationsblende im Vergleichsstrahlengang kompensiert. Die Durchlässigkeitsskala wird dabei um den Faktor gedehnt, um den der Vergleichsstrahl abgeschwächt wird. Mit dieser Methode kann demnach nur der untere Teil des Spektrums gedehnt werden. Die Nulllinie behält ihre Lage unverändert bei.

Durch das Abschwächen des Vergleichsstrahls kann wieder die gesamte Meßblende zur Aufzeichnung des Spektrums eingesetzt und damit die photometrische Genauigkeit des Geräts voll ausgenutzt werden. Diese Methode der Skalendehnung kann also bei jeder Messung mit Vorteil verwendet werden.

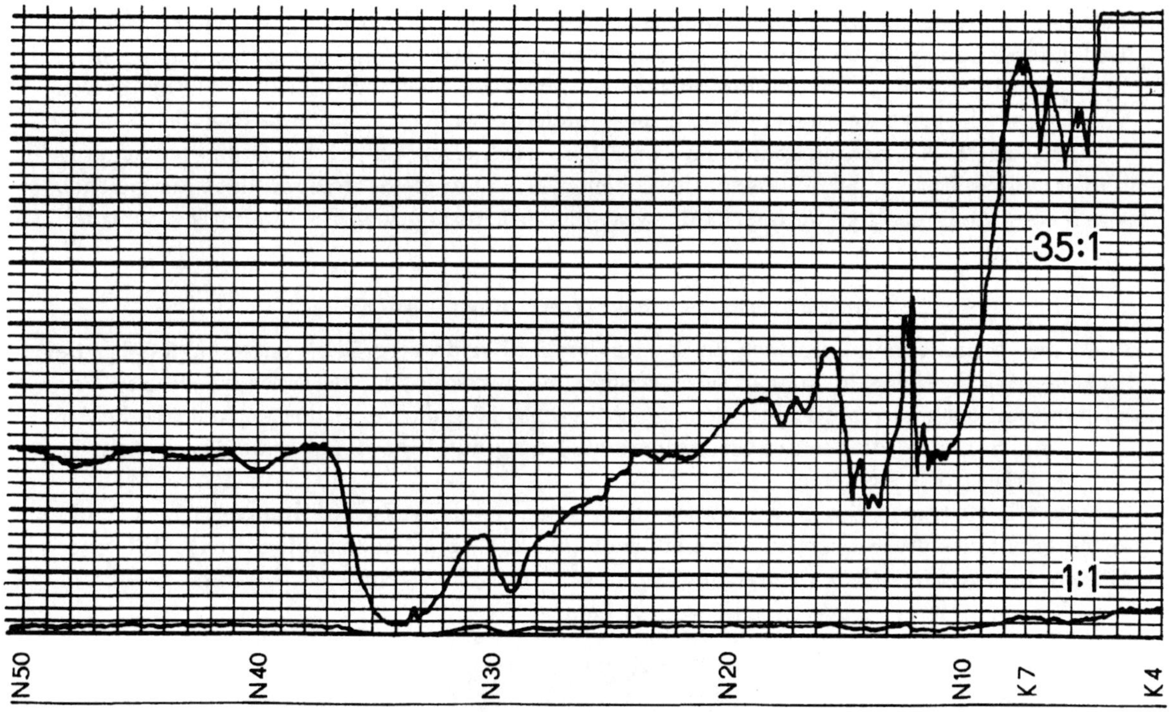

Abb. 5. UR-Spektrum von Zellstoff.

Untere Kurve: ohne Vergleichsstrahlabschwächung (Registriergeschwindigkeit 400 cm^{-1}/min, Schreibzeit 16 s, Spaltprogramm 8, Verstärkung 2).

Obere Kurve: mit 35facher Vergleichsstrahlabschwächung (Registriergeschwindigkeit 150 bzw. 50 cm^{-1}/min, Schreibzeit 16 s, Spaltprogramm 8, Verstärkung 4,7)

Abb. 5 zeigt einen UR 10-Registrierstreifen als Beispiel für die Anwendung der Zusatz-Kompensationsblende. Die untere Kurve stellt das Spektrum von Zellstoff dar. Infolge der hohen Streuverluste ist es im unteren Durchlässigkeitsbereich zusammengedrängt. Die Registrierbedingungen waren die folgenden: Registriergeschwindigkeit 400 cm^{-1}/min, Schreibzeit 16 s, Verstärkung 2, Spaltprogramm 8. Darüber ist das gleiche Spektrum gedehnt aufgezeichnet. Die Vergleichsstrahlung wurde auf den 35. Teil geschwächt. Die noch verfügbare Strahlungsleistung entspricht etwa der Hälfte des Spaltprogramms 2. Daher wurde die Änderung der Registrierbedingungen erforderlich. Die Registriergeschwindigkeit wurde auf 150 bzw. 50 cm^{-1}/min herabgesetzt und die Verstärkungseinstellung auf 4,7 erhöht. Trotz des erhöhten Rauschpegels wurde so eine Aufzeichnung erhalten, deren Informationsinhalt demjenigen der unteren Kurve weit überlegen ist.

Unter geeignet gewählten Registrierbedingungen ist die Abschwächung des Vergleichsstrahls noch zum Faktor 50 möglich. Es kann demnach auch noch ein brauchbares Spektrum erhalten werden, wenn die erforderliche Probenmenge durch Verringern des durchstrahlten Querschnitts um diesen Faktor herabgesetzt wird.

4. Aufzeichnung der Extinktion in linearem Maßstab

Für Intensitätsmessungen ist häufig nicht so sehr der Durchlässigkeits- als vielmehr der Extinktionswert von Interesse. Der Zweitschreiber wurde deshalb so ausgelegt, daß das Spektrum mit linearem Extinktionsmaßstab aufgezeichnet werden kann. Zwei verschiedene Meßbereiche sind einstellbar: Von 0 bis 1 entsprechend 100% bis 10% Durchlässigkeit und von 0,7 bis 1,7 entsprechend 20% bis 2% Durchlässigkeit.

Es ist zu beachten, daß auch bei dieser Art der Aufzeichnung ein möglicher Fehler in der Durchlässigkeitsanzeige in voller Größe wirksam bleibt. Auf Grund der Beziehung zwischen Extinktion und Durchlässigkeit ergibt sich für den Extinktionsfehler

$$|\Delta E| = \log e \cdot \Delta D/D\,.$$

ΔE ist also dem relativen Durchlässigkeitsfehler proportional. Nimmt man einen absoluten Durchlässigkeitsfehler von 0,5% an, so ergibt sich damit der in der Tabelle 1 angegebene Extinktionsfehler in Abhängigkeit von der Extinktion:

E	ΔE
0	$0{,}2 \cdot 10^{-2}$
0,7	$1 \cdot 10^{-2}$
1	$2 \cdot 10^{-2}$
1,7	$10 \cdot 10^{-2}$

Vor allem beim Arbeiten im Extinktionsbereich 0,7 bis 1,7 muß man sich über den möglichen Fehler Klarheit verschaffen.

Abb. 6 zeigt die Gegenüberstellung von Spektren, die über linearen Durchlässigkeits- und Extinktionsskalen aufgezeichnet wurden, am Beispiel des Trichlorbenzol-Spektrums von 3000 bis 5000 cm^{-1}. Beide Skalen sind mit nach oben ansteigenden Werten aufgetragen. Dadurch

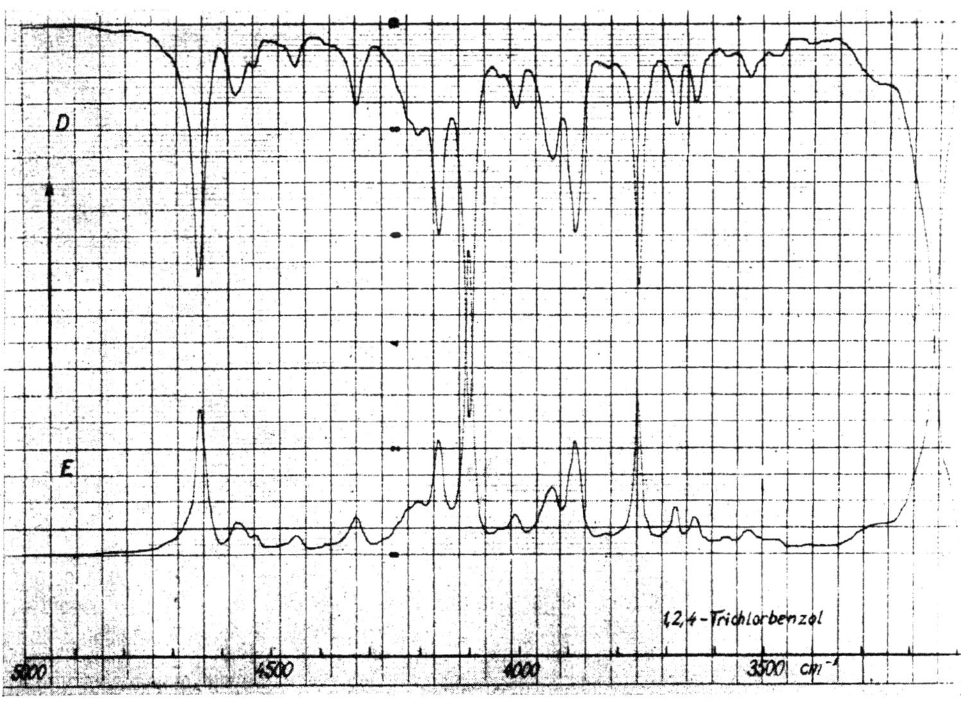

Abb. 6. UR-Spektrum von 1,2,4-Trichlorbenzol von 3000 bis 5000 cm^{-1}.
Untere Kurve: Meßbereich Durchlässigkeit 0 bis 100%.
Obere Kurve: Meßbereich Extinktion 0 bis 1

können bei den dargestellten Meßbereichen die Zahlenwerte unmittelbar an der aufgedruckten Bezifferung des Papiers abgelesen werden.

Mit dem Zweitschreiber zum UR 10 wurde ein von verschiedenen UR 10-Benutzern geäußerter Wunsch nach größerer Registrierbreite erfüllt. Die zusätzlichen Möglichkeiten der 2- und 5fachen Ordinatendehnung und der Aufzeichnung der Extinktion in linearem Maßstab werden sich als nützliche Hilfsmittel bei mikrospektroskopischen Messungen und bei der quantitativen Analyse erweisen.

Literatur

[1] Riegler, H. und Möbius, G., Standard-Kompensationsschreiber. Jenaer Rundschau, Messesonderheft 1963.

[2] Falta, W., Einige Neuentwicklungen gerätetechnischen Zubehörs für die Molekülspektroskopie. Aus: Neuere Ergebnisse molekülspektroskopischer Untersuchungen. Akademie-Verlag, Berlin 1962.

[3] Büttner, H., Über die Zusatz-Kompensationsblende zur Vergleichsstrahlabschwächung im UR 10. Jenaer Rundschau, Messesonderheft 1963.

Diskussion

Auf eine Anfrage an die Vertreter von Zeiss, ob es sinnvoll sei, eine Meßblende einzubauen, die nur zwischen 90 und 100% schließt, wurde auf die großen apparativen Schwierigkeiten hingewiesen, die bei Blendenwechsel auftreten würden. Eine Verbesserung des Signalrauschverhältnisses läßt sich damit nicht erreichen.

Aufbau einer Apparatur zur Durchführung von Intensitätsmessungen an RAMAN-Linien

W. ROHMANN und J. WITTIG[1])

Physikalisches Institut der Friedrich-Schiller-Universität Jena

Eine im Eigenbau entwickelte Apparatur kann gegenüber kommerziellen Geräten den Vorteil haben, daß sie den speziellen Meßaufgaben besser angepaßt ist und an ihr jederzeit Eingriffe und Verbesserungen möglich sind. In der Arbeitsgruppe Optische Spektroskopie des Physikalischen Instituts wurde daher schon vor längerer Zeit ein direkt-registrierendes RAMAN-Spektrometer aufgebaut. Sein Aufbau weicht in einigen Zügen von anderen ähnlichen Anordnungen [1, 2] ab.

Als Lichtquellen werden Hg-Niederdruckbrenner verwendet. Dazu wurde eine Reihe sich in ihrer geometrischen Form unterscheidender Brenner hergestellt und die für ramanspektroskopische Zwecke wichtigen spektralen Eigenschaften wie Intensität, Linienbreite, Untergrund und Betriebseigenschaften wie Stabilität und Zündung untersucht. Die Brenner werden aus Glas hergestellt. Zur Auswahl einer geeigneten Glassorte wurde die Durchlässigkeit von einfachen Stabbrennern aus Rasotherm, Duran, Geräte- und Gleichrichterglas in Abhängigkeit von der Brenndauer verglichen. Dabei zeigte es sich, daß Rasotherm, Duran und Geräteglas ein ähnliches Verhalten zeigen. Gleichrichterglas dagegen schwärzte sich stärker als diese. Wir entschieden uns für Rasotherm, das sich für Wolframeinschmelzungen gut eignet. Ein aus diesem Glas hergestellter Torontobrenner lieferte nach ungefähr 1200 Brennstunden etwa 52% seiner Anfangsintensität.

Die folgende Tabelle vergleicht die Intensitäten der wichtigsten untersuchten Lampenformen bei Betriebsdauern von einigen hundert Stunden.

Lampenform	relative Intensität		
	17 A		34 A
	o. Refl.	m. Refl.[1])	o. Refl.
I Torontobrenner	100	124	
II Torontobrenner IK	72	88	115
III Zylinderbrenner[2])	112	161	

[1]) Als Reflektor diente eine Hochglanzfolie.
[2]) 17 A je Bogen.

Der gewöhnliche Torontobrenner mit luftgekühlter Wendel wird bei einer Brennspannung von 73 V mit 17 A betrieben. Der Strom läßt sich noch bis auf etwa 25 A steigern, dann setzt jedoch mehr und mehr ein Gasen ein, als deren Folge Zündschwierigkeiten auftreten. Bei normaler Belastung läßt sich die Lampe auch bei mehr als 1000stündigem Betrieb im kalten Zustand durch einen Funkeninduktor zünden. Durch Einführen einer Innenwendel und Kühlung des Entladungsschlauches (II) läßt sich die Stromstärke beträchtlich steigern. Bei einem Betriebsstrom von 34 A betrug der Intensitätsgewinn gegenüber dem gewöhnlichen Toronto-

[1]) Vorgetragen von W. ROHMANN.

brenner (I, 17 A) jedoch nur 15%. Vorteile zeigt dagegen ein Zylinderbrenner (III), bei dem in einem gemeinsamen Entladungsraum zwei getrennte Hg-Bögen brennen. Er besitzt die gleichen spektralen Eigenschaften wie der gewendelte Brenner und wird mit Erfolg zur Registrierung von Kristallpulverspektren eingesetzt. Die Zündung erfolgt in kaltem Zustand durch ein HF-Zündgerät (Funkenspritze). Nachteilig wirkt sich bei ihm nur der Hg-Transport aus, der bei den gewendelten Lampen auch nach mehreren hundert Brennstunden nicht zu beobachten war. Schwankungen der Kühlwassertemperatur bis zu 5 °C bewirken noch keine störenden Intensitätsänderungen. Da auch in den Intensitäts-Stromstärkediagrammen für Temperaturen zwischen 15° und 70 °C kein Plateau auftritt, können wir auf einen Thermostaten verzichten und mit Leitungswasser kühlen.

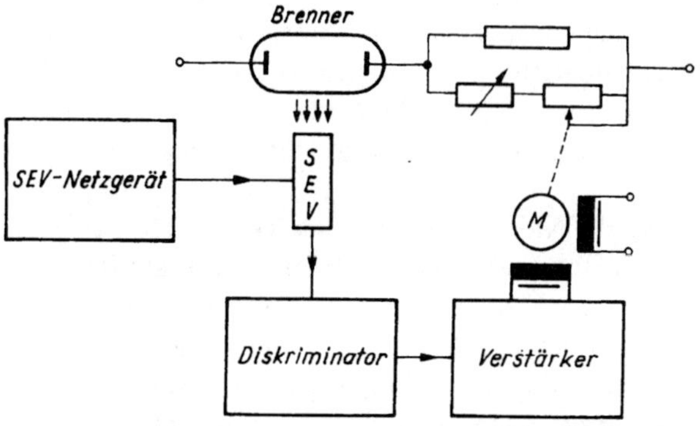

Abb. 1. Blockdiagramm der Regeleinrichtung

Obwohl die Stabilität der Lampen von vornherein recht gut ist, mußte vor allem, um die Intensitätsänderungen durch Stromschwankungen auszuschalten, eine Regeleinrichtung aufgebaut werden. Dafür gibt es zwei Möglichkeiten, den Erregerlichtstrom selbst konstant zu halten oder die registrierte Raman-Intensität zu ihm ins Verhältnis zu setzen. Uns schien eine direkte Lichtflußregelung vorteilhaft zu sein. Einmal war der elektronische Aufwand geringer, zum anderen brauchen die Betriebswerte aller Geräte bei der direkten Regelung nur bis zur Bildung der Regelabweichung konstant gehalten zu werden, während es sonst bis zur Quotientenbildung erforderlich ist. Die Anordnung zeigt Abb. 1. Regelgröße ist die auf das Streurohr fallende Erregerlichtmenge, Stellgröße die Lampenstromstärke. Das konstant zu haltende Erregerlicht wird durch einen SEV gemessen und das von ihm gelieferte Gleichspannungssignal in einem Diskriminator mit einer konstanten Spannung verglichen. Die Abweichung wird je nach Vorzeichen in ein phasenempfindliches Wechselspannungssignal umgemünzt. Diese Regelabweichung steuert dann über einen Motor den Regelwiderstand und damit den Lichtstrom. Die Zeitkonstante der Regeleinrichtung liegt unter einer Sekunde. Aufgabe des SEV ist es, eine der auf das Streurohr fallenden Lichtleistung genau proportionale Strahlungsintensität zu messen. Die Möglichkeit, das Streulicht selbst zu messen, scheidet aus, da in diesem Fall alle Effekte verloren gehen, die bei konstanter Erregung das gestreute Raman-Licht zeitlich ändern, etwa chemische Umwandlungen. Mißt man den Erregerlichtstrom direkt, so zeigt sich, daß die Lichtschwankungen ortsabhängig über die Brennerlänge sind. Um diesen Effekt quantitativ zu verfolgen, haben wir Photovervielfacher gleichzeitig auf verschiedene Lampenteile gerichtet und die Intensitätsdifferenzen registriert. In 5 Stunden traten Intensitätsunterschiede bis zu 7% auf. Insbesondere zeigte sich, daß auch Netzspannungsschwankungen die Intensitätsverteilung längs der Lampe ändern. Soll die Regelung einen Erfolg haben, so muß der Meßfühler genau wie das Streurohr über einen größeren Bereich integrieren. Dieses wird erreicht, indem man das Vergleichslicht vom MgO-Reflektor abnimmt und dem Lichtleiter eine solche Form gibt, daß der Öffnungswinkel der Empfangscharakteristik möglichst groß wird. Wir benutzen einen Glasstab, dessen erweiterte Endflächen mattiert sind. Sein Öffnungswinkel (Winkel, bei dem die Intensität auf die Hälfte der maximalen (0°) abfällt) beträgt 31° gegenüber einem gewöhnlichen Glasstab (Endflächen glatt) 11°. Mit dieser Anordnung traten auch dann noch bei einer Konstanz der vom Vergleichs-SEV gemessenen Intensität von 3‰ Schwankungen des Streulichtes bis zu 3% während eines Tages auf. Dieser Wert scheint eine Grenze darzustellen, die sich mit den angegebenen Mitteln nur schwer überwinden lassen wird.

Zur Filterung des Erregerlichtes wird eine $NaNO_2$-Lösung benutzt, die gleichzeitig als Kühlmittel dient und über einen Thermostaten durch eine Glasflügelpumpe umgewälzt wird. Da die Brenner in horizontaler Lage betrieben werden, kann auf eine Zwischenabbildung verzichtet werden. Zur spektralen Zerlegung werden ein Zeiss'scher Dreiprismen-Spektrograph mit einer in der Institutswerkstatt angefertigten Abtastvorrichtung und ein Steinheil-Universalspektrograph mit zugehörigem Registrieradapter benutzt. Der Vorschub erfolgt

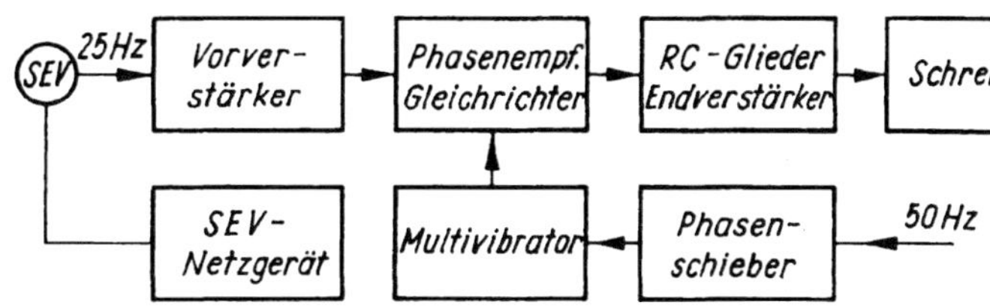

Abb. 2. Blockschaltbild des Verstärkers

durch einen Synchronmotor über ein Getriebe. In Verbindung mit dem Dreiprismen-Spektrographen werden SEV der Firma Zeiss verwendet, die durch CO_2-Schnee gekühlt werden. Eine CO_2-Füllung läßt ein 4stündiges Messen zu. Der Universalspektrograph ist mit einem EMI-Vervielfacher ausgerüstet. Abb. 2 zeigt die Nachweisapparatur. Das mit 25 Hz modulierte Signal wird in einem extrem stark gegengekoppelten Schmalbandverstärker ($f = 3$ Hz) verstärkt und phasenempfindlich gleichgerichtet. Um die Registrierbedingungen den Meßbedingungen weitgehend anpassen zu können, sind Zeitkonstanten zwischen 1,5 und 20 sec einstellbar. Zur Anpassung an den niederohmigen Eingang des Schreibers wird das Signal in einem symmetrischen Gegentaktverstärker endverstärkt und durch einen Kompensationsbandschreiber registriert. Der Papiervorschub erfolgt synchron zur Spaltbewegung; zur Kontrolle können Zeitmarken mitgeschrieben werden. Der Nullpunkt der Anzeige ist verschiebbar. Der phasenempfindliche Gleichrichter wird durch einen bistabilen Multivibrator geschaltet, dessen Steuerspannung unmittelbar dem Netz entnommen wird.

Die Leistungsfähigkeit der Apparatur läßt sich u. a. durch das Signal/Rausch-Verhältnis charakterisieren, mit der das Raman-spektrum des CCl_4 geschrieben werden kann. Es beträgt 610:1 für die Linie 459 cm^{-1} bei 20 cm^3 Streuvolumen, einer spektralen Spaltbreite von $b = 5\ cm^{-1}$, Zeitkonstante $T = 1{,}5$ s und Registriergeschwindigkeit $v = 50\ cm^{-1}$ pro Minute.

Die Empfindlichkeit und das Auflösungsvermögen geht aus Abb. 3 hervor, das die Isotopenfeinstruktur des CCl_4 zeigt. Registrierbedingungen: $b = 1{,}25\ cm^{-1}$, $T = 4$ s, $v = 12{,}5\ cm^{-1}$ pro Minute.

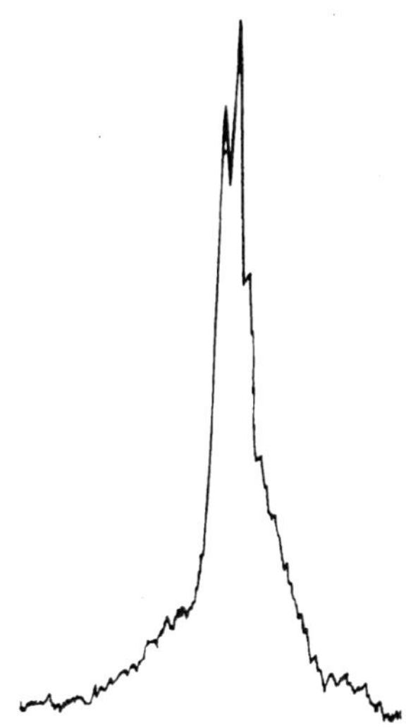

Abb. 3. Isotopenfeinstrukturaufspaltung beim CCl_4

Die Apparatur wird seit längerer Zeit mit Erfolg zur direkten Registrierung von Kristallpulverspektren eingesetzt. Als Beispiel

Abb. 4. Kristallpulverspektrum des Stilbens

gibt Abb. 4 das RAMAN-Spektrum des Stilbens wieder. Registrier-Bedingungen: Zylinderbrenner mit Kegelküvette, kein Sekundärfilter, Universalspektrograph, $b = 2{,}5\ \mathrm{cm}^{-1}$, $T = 1{,}5$ s, $v = 50\ \mathrm{cm}^{-1}$ pro min. Wie auch bei allen anderen von uns registrierten Pulverspektren fällt der relativ niedrige Untergrund selbst in der Nähe der Erregerlinie auf. Er erlaubt es sogar noch, Kristallgitterschwingungslinien bis auf $40\ \mathrm{cm}^{-1}$ an die Hg-e-Linie heran zu registrieren. Durch den Fortfall der Sekundärfilterung steht eine genügend große Streuintensität zur Verfügung, um selbst bei der angegebenen Spaltbreite weitgehend rauschfreie Spektren zu erhalten und damit die bisher schwer zugänglichen Intensitäten von Pulverspektren zu messen.

Dem Leiter der Arbeitsgruppe Optische Spektroskopie, Herrn Dr. M. SCHUBERT, danken wir für wertvolle Anregungen und Diskussionen. Herrn cand. phys. B. GRÖBLER sind wir für den Aufbau und die Erprobung der Regeleinrichtung dankbar.

Literatur

[1] SCHRÖTTER, H. W., Z. f. angew. Phys. 12 (1960) 275.

[2] BRANDMÜLLER, J. u. MOSER, H., Einf. in die Ramanspektroskopie. Steinkopff-Verlag, Darmstadt 1962, S. 207, daselbst weitere Literatur.

Diskussion

Herr SCHREIBER fragte, ob der Aufwand für eine Stabilisierung der Erreger-Intensität überhaupt notwendig ist, weil er an seinem Gerät kaum Schwankungen der Intensität beobachtet hatte. In Jena dagegen betrugen die Schwankungen ohne Stabilisierung bis zu 5% über einen Tag. Diese Schwankungen konnten dann durch die Stabilisierung bis auf etwa 2% herabgesetzt werden.

Herr Dr. GEPPERT fragte nach der Stabilität der Bogenentladung beim Zylinderbrenner. Es tauchte die Frage auf, ob die beiden in dem gemeinsamen Entladungsgefäß brennenden Bögen nicht umspringen. Herr ROHMANN hat während der über 1000-stündigen Erprobung dieser Lampe diesen Effekt nicht beobachtet. Er trat nur auf, wenn der Bogenstrom bei beiden Entladungen sehr wesentlich voneinander verschieden war.

Herr SCHREIBER fragte, ob durch die Wahl der niedrigen Bezugsfrequenz der verwendete Multiplier nicht stärker rauscht. Herr ROHMANN antwortete, daß in einer Diplomarbeit das Rauschen von Multipliern untersucht wurde. Dabei ist festgestellt worden, daß bei Frequenzen von etwa 10 Hz ab das Rauschen durchaus weiß ist. Ihm sind Arbeiten bekannt, nach denen Multiplier geradezu als Rauschgeneratoren benutzt werden für weißes Rauschen.

Die Absorptionscharakteristik von Gasen bei Druckverbreiterung im Ultraroten

H. Dunken und K. Schultheiss

Institut für Physikalische Chemie der Friedrich-Schiller-Universität Jena

Zur formelmäßigen Darstellung und physikalischen Erklärung der Druckabhängigkeit der Strahlungsabsorption von Gasen sind infolge der Vielschichtigkeit des Problems mehrere Wege angegeben, deren Ergebnisse jedoch im wesentlichen äquivalent sind [3, 5, 8, 11, 9]. Für das Rotations-Schwingungs-Spektrum des CO kann man in sehr guter Näherung das Elsasser-Modell zahlreicher äquidistanter Linien annehmen [5]. Je nach den Druckverhältnissen ist in Abhängigkeit von dem Parameter δ/d (d. h. Linienbreite zu Linienabstand, also der Überlappung der Linien) ein Übergang von dem sog. Quadratwurzelgebiet zu dem exponentiellen oder linearen Gebiet zu erwarten.

Nach einem linearen Anstieg proportional der Wurzel aus dem Partialdruck CO und der Wurzel aus dem Gesamtdruck wird bei weiterer Druckerhöhung durch Fremdgaszusatz die Absorption schließlich unabhängig von weiter zugefügten Mengen Fremdgas und folgt dem Lambert-Beerschen Gesetz. Das Übergangsgebiet zwischen den beiden Grenzfällen läßt sich mit den bisher angegebenen Ableitungen numerisch nicht exakt erfassen. Zudem erstreckten sich die meisten experimentellen Arbeiten über einen relativ engen Druckbereich (auch infolge experimenteller Schwierigkeiten) und beziehen sich nur auf die beiden Grenzfälle.

Arbeitsmethodik und Auswerteverfahren

Wir untersuchten am UR 10 (VEB Carl Zeiss, Jena) die Absorption der Fundamentalschwingung von CO in Abhängigkeit von Druck und Schichtdicke. Als Zusatzgase zur Druckerhöhung wurden N_2, Ar, H_2, O_2, NH_3 und CO_2 benutzt. Es wurden Küvetten von 0,05 cm bis 100 cm verwendet, der Druckbereich erstreckte sich bis zu 10 atü (max. 16 atü) bei der Langwegküvette, bis zu Atmosphärendruck bei den kürzeren Küvetten. Der größte Teil der Untersuchungen wurde mit der 1 m-Küvette gemacht.

Der UR 10 hat im Bereich 2000···2200 cm^{-1} eine spektrale Spaltbreite von etwa 1,2 bis 1,3 cm^{-1}. Der Linienabstand beträgt bei CO 4 cm^{-1}, also etwa das Dreifache. Die Linien sind gerade ohne stärkere Überlappung getrennt.

Die Ausmessung einzelner Linien ist auf Grund der Unsicherheit in der Spektrometeraufzeichnung mit einer großen Streuung behaftet. Diese läßt sich auch mittels Ausgleichsverfahren, etwa durch Auftragen der Linienflächen über der Rotationsquantenzahl nach Bourgin [1], nicht genügend beseitigen.

Es wurde daher ein Kompromiß gemacht, indem die zehn intensitätsstärksten Linien des P-Zweiges, P(2)···P(11), komplex ausgewertet wurden. Die so erhaltenen Ergebnisse stellen also Mittelwerte dar. Es ist bekannt, daß der Druckeinfluß vom Rotationszustand abhängt, doch sind diese Effekte relativ gering; die Abweichungen der Extremwerte dürften noch innerhalb der Fehlerstreuung liegen.

Es wurde die Fläche unter der Absorptionskurve der 10 Linien planimetrisch ausgemessen und durch die Gesamtfläche $I_0\,\Delta\nu$ in diesem Intervall ($\Delta\nu = 10\,d$; d = Linienabstand)

dividiert, also das Absorptionsflächenverhältnis A gebildet (fractional absorption):

$$A = \frac{\int\limits_{\Delta\nu} (I_0 - I_\nu)\, d\nu}{\int\limits_{\Delta\nu} I_0\, d\nu} = \frac{1}{\Delta\nu} \int\limits_{\Delta\nu} \left(1 - \frac{I_\nu}{I_0}\right) d\nu = 1 - \frac{1}{I_0\, \Delta\nu} \int I_\nu\, d\nu\,. \tag{1}$$

Für den Gültigkeitsbereich des LAMBERT-BEERschen Gesetzes war es erforderlich, aus den Absorptionsflächenverhältnissen A durch Logarithmierung die entsprechenden Extinktionen E zu berechnen:

$$E = -\lg (1 - A)\,. \tag{2}$$

Die Ergebnisse unserer Messungen

Im Quadratwurzelgebiet konnten wir für die Absorption von reinem CO die von ELSASSER angegebenen Beziehungen bestätigen:

$$A = \alpha_0\, p_0 \sqrt{l}\,, \tag{3}$$

α_0 = Absorptionskoeffizient, Selbstverbreiterungswirksamkeit.

Bei sehr kleinen Schichtdicken l (unterhalb 1 cm) traten Abweichungen auf, die den Übergang zur linearen Abhängigkeit proportional $p_0\, l$ anzeigen.

Im Fall der Druckverbreiterung bei Fremdgaszusatz wurde zwar eine *Änderung* der Absorption mit $(p_0\, p_T\, l)^{1/2}$ gefunden, doch ergab sich die Gesamtabsorption zu

$$\begin{aligned} A &= \alpha_0\, p_0 \sqrt{l} + \alpha_x \sqrt{p_0} \left(\sqrt{p_T} - \sqrt{p_0}\right) \sqrt{l} \\ &= (\alpha_0 - \alpha_x)\, p_0 \sqrt{l} + \alpha_x \sqrt{p_0\, p_T\, l}\,, \end{aligned} \tag{4}$$

α_x = Druckverbreiterungswirksamkeit der Fremdgase,
p_T = Gesamtdruck.

Die Geraden A gegen $p_T^{1/2}(p_0)$ gehen nicht durch den Koordinatenursprung, sondern schneiden die Abszisse in Abhängigkeit von der Differenz der Verbreiterungswirksamkeiten $\Delta\alpha = \alpha_0 - \alpha_x$ und dem Partialdruck p_0 des CO bei einem Wert von

$$\sqrt{p_T} = (1 - {}^{\alpha_0}/_{\alpha_x}) \sqrt{p_0}$$

für den Durchstoßpunkt auf der $p_T^{1/2}$-Skala. Das ist verständlich, wenn man annimmt, daß sich die Verbreitungswirksamkeiten α des CO und der zugesetzten Fremdgase unterscheiden.

Mit zunehmendem Gesamtdruck p_T ergeben sich — in Abhängigkeit vom Verhältnis p_T/p_0 sowie α_0/α_x — Abweichungen von den obigen Beziehungen. Es ist möglich, bestimmte Bereiche der Absorptionskurve mittels anderer Potenzabhängigkeiten zu erfassen (etwa A prop. $(p_T)^{1/4}$), wie dies verschiedentlich angegeben wurde [2, 5, 6, 7]. Jedoch kann damit immer nur ein Teil der Kurve erfaßt werden. Andererseits ist die Anwendung einer von ELSASSER [5] angegebenen Übergangsformel wegen ihrer Kompliziertheit praktisch kaum durchführbar.

Bei unseren Messungen wurde für das größte erreichte Verhältnis p_T/p_0 (0,5 Torr CO, 10^4 Torr Fremdgas) das Gebiet der linearen oder exponentiellen Abhängigkeit entsprechend dem LAMBERT-BEERschen Gesetz, E prop. $p_0\, l$, fast erreicht, d. h. die Absorption bzw. Extinktion änderte sich bei weiterem Fremdgaszusatz nur noch sehr wenig. Es wurde daher versucht, einen geschlossenen Ausdruck für die gesamte Absorptionskurven-Charakteristik zu entwickeln. Es wurde von vornherein die berechnete Extinktion nach Gl. (2) in völlig gleicher Weise wie vorher die Absorption selbst in Beziehung zu Druck und Länge gesetzt. Aus unseren Untersuchungen geht hervor, daß die Ergebnisse bis zu einem Wert von $A \approx 0{,}3$ entsprechend $E \approx 0{,}2$ äquivalent sind; erst bei höheren Werten zeigen die Extinktionskurven eine schwache Krümmung zur Ordinate.

Es war also unser Ziel, den gesamten Verlauf der Extinktion in Abhängigkeit vom Druck zu erfassen (mit obiger Einschränkung für größere Absorptionswerte). Geeignet erschien der Typ der LANGMUIR-Beziehung

$$a = \frac{k_1\, p}{k_2\, p + 1}\,.$$

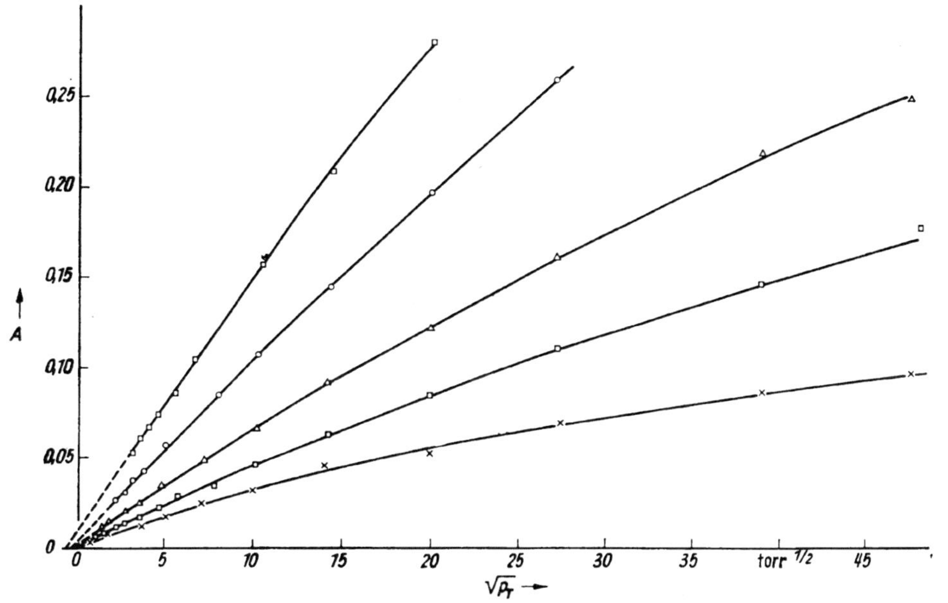

Abb. 1. Druckverbreiterungswirksamkeit von Ar für CO. Absorption A gegen Wurzel aus Gesamtdruck p_T für l = 100 cm und folgende CO-Partialdrücke:
0,5 (×); 1 (□); 2 (△) 5 (○); 10 (□) Torr.

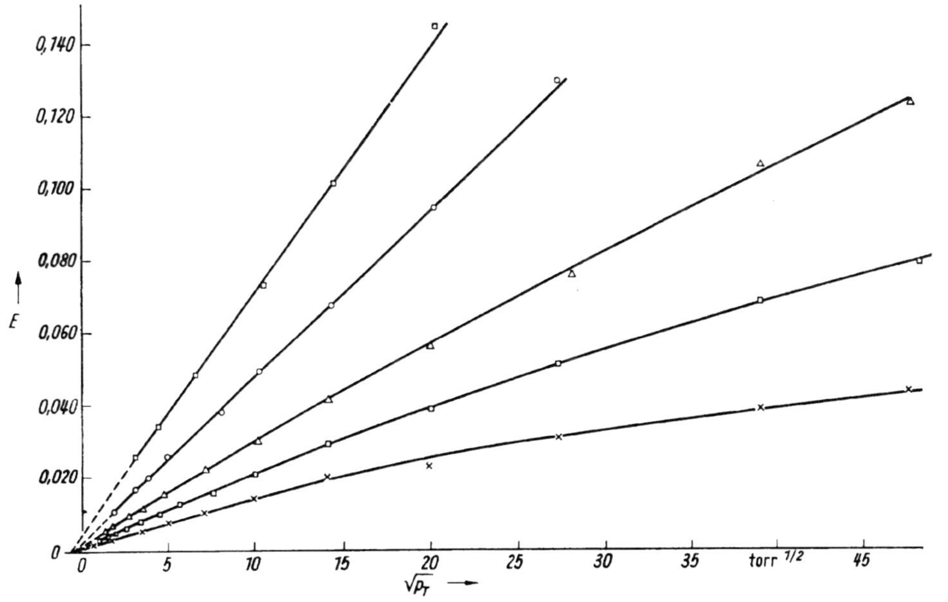

Abb. 2. Druckverbreiterungswirksamkeit von Ar für CO. Extinktion E gegen Wurzel aus Gesamtdruck p_T für l = 100 cm und folgende CO-Partialdrücke:
0,5 (×); 1 (□); 2 (△); 5 (○); 10 (□) Torr.

Sie wurde für einen sehr ähnlichen Mechanismus abgeleitet und ist in der Lage, zumindest die beiden Grenzfälle — Quadratwurzelgebiet und lineares Gebiet — bei geeigneter Wahl der Konstanten richtig wiederzugeben. Allgemeine Bedeutung kann dieser Beziehung natürlich nur zukommen, wenn die Werte für k_1 und k_2 Gültigkeit für alle Variationen von p_0, p_T und l haben. Durch Umformung wurde eine vernünftige Relation erhalten, der alle geprüften Werte genügen:

$$E_{\text{eff}} = \frac{E_{\text{th}}}{\sqrt{1 + (E_{\text{th}}/E_\infty)^2}}\,, \tag{5}$$

dabei ist E_{eff} der jeweilige effektive Extinktionswert,

$$E_{\text{th}} = (\varepsilon_0 - \varepsilon_x)\, p_0 \sqrt{l} + \varepsilon_x \sqrt{p_0\, p_T\, l} \quad \text{(Quadratwurzelgebiet)}\,, \tag{4a}$$

$$E_\infty = \varepsilon_\infty\, p_0\, l\,. \tag{6}$$

ε_0 und ε_x sind die Verbreiterungskoeffizienten für CO bzw. Fremdgas, ε_∞ ist der „wahre" Extinktionskoeffizient.

Die Prüfung der Gl. (5) erfolgte durch Umstellung nach E_∞. Dieser Wert muß innerhalb einer Meßreihe ($E(p_T)$ für bestimmtes p_0 und l) konstant bleiben und Gl. (6) entsprechen:

$$\left(\frac{1}{E_\infty}\right)^2 = \left(\frac{1}{E_{\text{eff}}}\right)^2 - \left(\frac{1}{E_{\text{th}}}\right)^2. \tag{7}$$

Es zeigte sich, daß der Wert $(1/E_\infty)^2$ innerhalb der Streuung gleich blieb, die Proportionalität von E_∞ zu p_0 wurde sehr gut erfüllt. Die Berechnung der (mittleren) totalen Linienintensität S^0 ergab danach [5, 10]

$$S^0 = \varepsilon_\infty \cdot \alpha = 9{,}09\ \text{cm}^{-2}\,\text{atm}^{-1}$$

(ε_∞ ist der natürliche Extinktionskoeffizient).

Es sind bisher nur sehr wenig Werte der totalen Linienintensitäten aus der Literatur bekannt. Unser Wert stimmt aber recht gut mit dem von EATON u. THOMPSON [4] für die (intensitätsstärkere) R(4)-Linie gefundenen (9,30 cm^{-2} atm^{-1}) überein.

Wir können nun versuchen, nähere Aussagen über die gesamte Abhängigkeit der Extinktion vom Druck zu machen. Nach Auflösung der Abkürzungen in Gl. (5) können wir mit

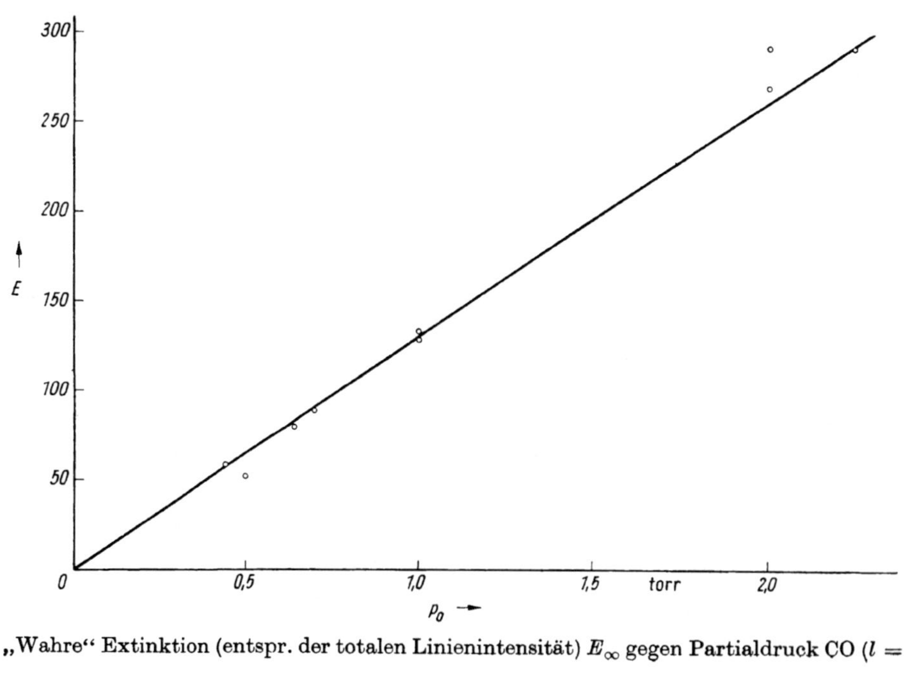

Abb. 3. „Wahre" Extinktion (entspr. der totalen Linienintensität) E_∞ gegen Partialdruck CO (l = 100 cm)

kleinen Vereinfachungen schreiben

$$E_{\mathrm{eff}} = \frac{E_{\mathrm{th}}}{\sqrt{1 + \left(\frac{\varepsilon_x \sqrt{p_0\, p_T\, l}}{\varepsilon_\infty\, p_0\, l}\right)^2}} = \frac{E_{\mathrm{th}}}{1 + \left(\frac{\varepsilon_x}{\varepsilon_\infty}\right)^2 \frac{p_T}{p_0\, l}}\,.$$

Daraus können die günstigsten Bedingungen zum Erhalt der totalen Linienintensität abgeschätzt werden. E_∞ wird in Abhängigkeit vom Fremdgasdruck um so eher erreicht:

bei bestimmter Länge l je größer p_T/p_0 ist,
je kürzer die Küvettenlänge ist,
je größer die Verbreiterungswirksamkeit ε_x ist.

Dabei muß allerdings beachtet werden, daß bei Verminderung der Küvettenlänge die Absorberkonzentration p_0 erhöht werden muß, um noch ein erkennbares Spektrum zu ergeben. Wegen E prop. $p_0 \sqrt{l}$ muß bei Verkürzung der Länge auf ein Hundertstel der CO-Druck verzehnfacht werden.

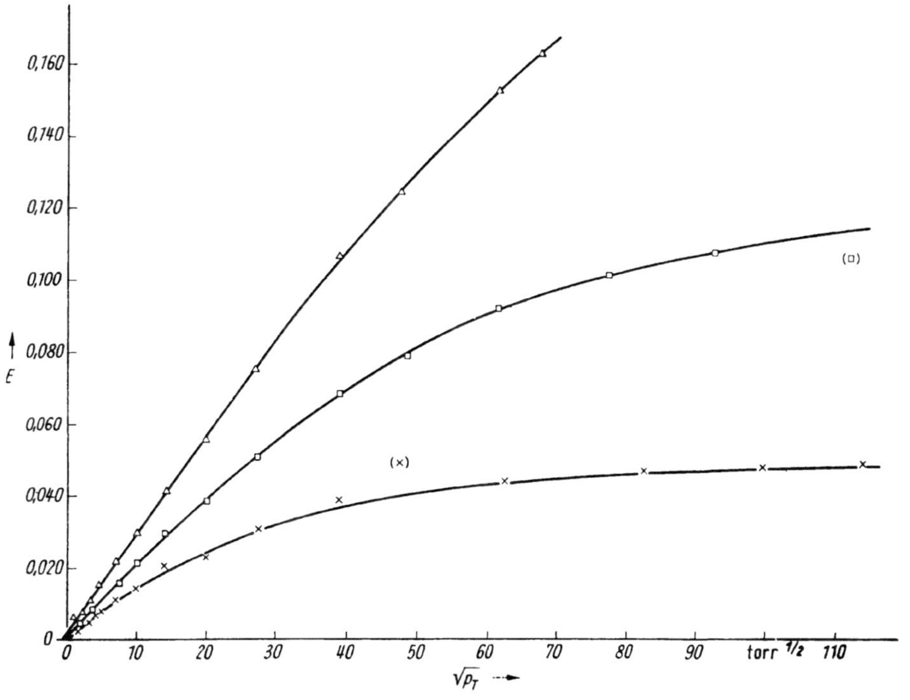

Abb. 4. Extinktionskurven-Charakteristik von Ar—CO-Mischung. Extinktion E gegen Wurzel aus Gesamtdruck p_T für $l = 100$ cm und folgende CO-Partialdrücke: 0,5 (×); 1 (□); 2 (△) Torr. Ausgezogene Kurve: nach Gl. (5) berechnet. Eingetragene Punkte: Meßwerte

1. Fremdgasverbreiterung

$E_{\mathrm{th}}/E_{\mathrm{eff}}$	p_T/p_0	$E_\infty/E_{\mathrm{eff}}$	p_T/p_0
1,01	70	1,01	150000
1,02	150	1,02	75000
1,05	300	1,05	30000
1,10	700	1,10	15000
1,60	5000	1,60	2000

2. Selbstverbreiterung

$E_{\mathrm{th}}/E_{\mathrm{eff}}$	l (cm)	$E_\infty/E_{\mathrm{eff}}$	l (cm)
1,01	2,0	1,01	0,0008
1,02	1,0	1,02	0,0015
1,05	0,5	1,05	0,005
1,10	0,2	1,10	0,008
1,60	0,025	1,60	0,06

Durch Einsetzen von Zahlenwerten ist es möglich, die Abweichungen quantitativ abzuschätzen. Die so gefundenen Werte stimmen sehr gut mit den beobachteten überein. Diese Verhältnisse mögen am Beispiel der Fremdgasverbreiterung (bei $l = 100$ cm) und der Selbstverbreiterung von CO veranschaulicht werden. Die Abweichungen werden als Verhältnis Grenzwert (E_{th} bzw. E_∞) zu Effektivwert definiert (siehe die vorstehenden Tabellen).

Zusammenfassend läßt sich über die Brauchbarkeit der uns gegebenen vollständigen Gleichung (5) folgendes sagen:

1. Die Gleichung ist zumindest in der Lage, den Verlauf der Extinktionskurven in dem von uns untersuchten Bereich (Druckspektren N_2- und Ar-verbreitert, $p_0 = 0{,}5 \cdots 2$ Torr, $p_T = 1 \cdots 10^4$ Torr) sehr gut wiederzugeben.
2. Weiterhin konnten bisher ausnahmslos die qualitativen Veränderungen bei Variation von p_0, p_T und l sowie ε_0, ε_x und ε_∞ vernünftig bzw. richtig erklärt werden.
3. Ein Vergleich mit bisher bekannten Linienbreiten zeigt, daß unsere berechneten Linienintensitäten diesen Werten entsprechen. Die daraus berechneten Halbwertsbreiten stimmen gut mit den von EATON u. THOMPSON [4] auf anderem Wege erhaltenen überein.
4. Umgekehrt ist die Gleichung prinzipiell in der Lage, die beiden Grenzfälle der Absorptionsgesetzmäßigkeiten richtig wiederzugeben, wenn man die richtigen Werte für ε_0, ε_x und ε_∞ einsetzt. Der Kurvenverlauf im Übergangsgebiet könnte gegebenenfalls durch Verwendung anderer Potenzverhältnisse im Nenner noch besser den tatsächlichen Verhältnissen angepaßt werden, wenn dies erforderlich sein sollte. Ein Vergleich der berechneten und gemessenen Extinktionswerte zeigt aber eine befriedigende Übereinstimmung, die die Gültigkeit der angegebenen Form unterstützt.

Die Bestätigung für eine allgemeinere Gültigkeit dieser Beziehung kann erst aus weiteren Untersuchungen durch Änderung von Druck, Schichtdicke und Gasarten erbracht werden. Es sollte möglich sein, in dieser Hinsicht aufschlußreiche Messungen auch mit dem auf dem URAS-Prinzip arbeitenden Infralyt (VEB Junkalor Dessau) machen zu können, da in diesem Fall von uns die Proportionalität zwischen *Extinktion* und den entsprechenden Druck- und Längenverhältnissen bereits gefunden wurde [12].

Literatur

[1] BOURGIN, D. G., Phys. Rev. **29** (1927) 794.
[2] DAVIES, W. O., J. Chem. Phys. **36** (1962) 292.
[3] DENNISON, D. M., Phys. Rev. **31** (1928) 903.
[4] EATON, D. R. u. THOMPSON, H. W., Proc. Roy. Soc. **251** (1959) 458.
[5] ELSASSER, W. M., Harvard Meteor. Stud. Nr. 6 Milton (Mass.) (1942).
[6] HOWARD, J. N., BURCH, E. u. WILLIAMS, D., J. Opt. Soc. Am. **46** (1956) 186.
[7] HOWARD, J. N. u. CHAPMAN, R. M., J. Opt. Soc. Am. **42** (1952) 423.
[8] LADENBURG, R. u. REICHE, F., Ann. Phys. **42** (1913) 181.
[9] NIELSEN, J. R., THORNTON, V. u. DALE, E. B., Rev. Mod. Phys. **16** (1944) 307.
[10] PENNER, S. S. u. WEBER, D., J. Chem. Phys. **19** (1951) 1351.
[11] SCHNAIDT, F., Gerlands Beitr. Gephys. **54** (1939) 203.
[12] SCHULTHEISS, K., Diplomarbeit Jena, (1962).

Sonderfälle der infrarotspektroskopischen Simultananalyse

E. O. SCHMALZ

VEB Chemiefaserwerk „Friedrich Engels", Premnitz

Bei der infrarotspektroskopischen Konzentrationsbestimmung eines gelösten Stoffes wird bekanntlich eine Meßbande des Spektrums nach dem LAMBERT-BEERschen Gesetz ausgewertet, wobei die Bandenspitze und bei Zweistrahl-Geräten die 100%-Linie zur Berechnung der Extinktion benutzt werden. Liegt ein Gemisch von n Komponenten vor, dann werden entsprechend n verschiedene Banden in die Berechnung einbezogen. Da sich die hierbei ergebenden Extinktionen aus den Teilextinktionen der einzelnen Komponenten zusammensetzen, müssen zur Auswertung die n^2 verschiedenen Extinktionskoeffizienten bekannt sein [1–5].

Die für diese Berechnung benötigten Extinktionskoeffizienten lassen sich nur an Reinsubstanzen ermitteln. Letztere stehen aber in manchen Fällen (wie z. B. bei Butadienpolymerisaten) nicht zur Verfügung. Zur Auswertung derartiger Spektren bestimmt man den Bandenfußpunkt nach dem Baseline-Verfahren [6], da die auf diese Weise ermittelten Extinktionen dann nur noch von einer Komponente bestimmt werden. Für die n Meßbanden des Spektrums ergeben sich damit n Gleichungen der folgenden Form

$$E_i = \varepsilon_i^0 \cdot c_i \cdot d \,, \tag{1}$$

ε_i^0 = Extinktionskoeffizient der reinen Komponente i.
Zweckmäßigerweise ersetzt man in Gl. (1) die Teilkonzentration c_i durch das Produkt aus Gesamtkonzentration c und Molenbruch x_i und faßt die unbekannten Größen ε_i^0 und x_i zu dem „fiktiven Extinktionskoeffizienten" ε_i zusammen:

$$E_i = \varepsilon_i \cdot c \cdot d \,, \tag{2a}$$

$$\varepsilon_i = \varepsilon_i^0 \cdot x_i \,. \tag{2b}$$

Die gesuchten Größen lassen sich aus den Gln. (2b) ermitteln, wenn n Mischungen gleicher qualitativer aber verschiedener quantitativer Zusammensetzung ausgewertet werden [6, 7]. Die Gesamtkonzentration einer jeden Mischung muß hierbei separat nach einem anderen Verfahren (z. B. auf rein chemischem Wege) bestimmt werden.

Werden unlösliche Proben im angequollenen Zustand oder in Form von Folien aufgenommen, dann sind in den meisten Fällen die Größen c und d unbekannt. Eine Bestimmung der gesuchten Molenbrüche erfolgt in diesem Fall mit Hilfe eines Vergleichsspektrums, das von einem Muster gleicher qualitativer und bekannter quantitativer Zusammensetzung herrührt. Das sich aus diesem Spektrum nach Gleichung (3) ergebende Gleichungssystem wird durch

$$E_i = \varepsilon_i^* \cdot x_i \cdot c \cdot d \,, \tag{3}$$

ε_i^* = Extinktionskoeffizient der Komponente i (bei hoher Konzentration),
eine der Gleichungen dividiert und man berechnet mittels der bekannten x_i-Werte die Quotienten der Extinktionskoeffizienten. Das Spektrum der unbekannten Probe wird analog behandelt. Die gesuchten Molenbrüche können dann unter Benutzung der am Vergleichsspektrum berechneten Quotienten ermittelt werden [7].

Existiert von einer unlöslichen Probe kein Vergleichsmuster gleicher qualitativer Zusammensetzung, dann müssen beim Vorliegen von n Komponenten ebensoviele Muster gleicher qualitativer aber verschiedener quantitativer Zusammensetzung analysiert werden. Eine Auswertung der sich hierbei ergebenden Spektren ist möglich, wenn alle eingesetzten Proben außerdem in einem bekannten Verhältnis gemischt werden können. (Dieses Mischen kann im Schmelzfluß oder in einem sonst für die Infrarotspektroskopie ungeeigneten Lösungsmittel erfolgen.) Für die Berechnung ist ebenfalls Gleichung (3) geeignet, die im Fall der Linearkombination folgende Form besitzt:

$$E_i^m = \varepsilon_i \cdot c^m \cdot d^m \left(a\, x_i^1 + b\, x_i^2 + \cdots + n\, x_i^n\right), \tag{4}$$

oberer Index : Nummer der Probe (m = Mischung),
unterer Index: Nummer der Komponente,
$a, \ldots, n$: Faktoren der Linearkombination.

Die Gleichungen eines jeden Systems werden durch die entsprechende Gleichung des ersten Systems dividiert. Da sich auf diese Weise die Quotienten der Extinktionskoeffizienten zu 1 dividieren und die Quotienten aus den Produkten von c und d zusammengefaßt werden können, ergeben sich folgende Gleichungen:

$$\frac{E_i^j}{E_i^1} = \frac{x_i^j}{x_i^1} \cdot K_j \tag{5}$$

(Gleichung der Komponente i von Probe j dividiert durch die entsprechende Gleichung von Probe 1).

Wegen der in (5) auftretenden Verknüpfung von 3 Unbekannten führt man die Hilfsgröße y ein,

$$y_i^j = \frac{x_i^j}{x_i^1}, \tag{6}$$

substituiert mittels Gleichung (6) die Gleichungssysteme (5) und berechnet aus den sich hierbei ergebenden Gleichungen

$$\frac{E_i^j}{E_i^1} = y_i^j \cdot K_j \tag{7}$$

die Größen y_i^j. Die Bestimmung der gesuchten Molenbrüche x_i^j erfolgt danach über die entsprechenden Gleichungen (6), wobei zu beachten ist, daß für jede Probe die Summe aller Molenbrüche gleich 1 ist.

Literatur

[1] Binder, J. L., Analyt. Chemistry **26** (1954) 1877.
[2] Binder, J. L. u. Ransow, H. C., Analyt. Chemistry **29** (1957) 503.
[3] Fuchs, W. u. Pietsch, H., Erdöl und Kohle **7** (1954) 631.
[4] Hampton, R. R., Analyt. Chemistry **21** (1949) 923.
[5] Richardson, W. S. u. Sacher, A., J. Polymer Sci. **10** (1953) 353.
[6] Kimmer, W. u. Schmalz, E. O., Z. analyt. Chem. **170** (1959) 132.
[7] Schmalz, E. O. u. Geiseler, G., Z. analyt. Chem. **183** (1961) 333.

Auswertemethoden der IR-Intensitäten

O. Nillius

Arbeitsgruppe für Physikalische Methoden der analytischen Chemie
der Deutschen Akademie der Wissenschaften zu Berlin, Berlin-Adlershof

Die Methoden der Intensitätsmessung werden im folgenden für diejenigen erläutert, die anfangen wollen, sich mit Intensitäten zu beschäftigen, so daß dieser Vortrag eine Einführung sein und einen Überblick verschaffen soll. Deshalb werden die hier zur Diskussion stehenden Methoden nicht immer bis ins Einzelne abgeleitet, sondern es wird das Wesentliche an ihnen aufgezeigt und auf Schwierigkeiten hingewiesen.

Die drei wichtigsten Methoden hat Ramsay [1] in seiner grundlegenden Arbeit zusammengefaßt und es ist üblich geworden, diese als Methoden I, II und III nach Ramsay zu bezeichnen. Die Arbeiten der Autoren, die diese Methoden als erste aufgestellt haben, werden bei Ramsay zitiert.

Die Methode I beruht auf der direkten Integration der Bandenform. Ramsay hat bei seinen Untersuchungen gefunden, daß viele IR-Banden durch Lorentz-Kurven dargestellt werden können. Er benutzt diese Kurvendarstellung für seine Berechnungen, so daß diese Voraussetzung in alle seine Methoden eingeht.

Die integrale Intensität A ist definiert durch

$$A = \int_{-\infty}^{+\infty} \alpha_\nu \, d\nu \,, \tag{1}$$

wobei α_ν im Exponenten des Absorptionsgesetzes steht:

$$I_\nu = I_{0\nu} \, e^{-\alpha_\nu c \cdot l} \,. \tag{2}$$

Die Lorentz-Kurve ist gegeben durch

$$\ln\left(\frac{I_0}{I}\right)_\nu = \frac{a}{(\nu - \nu_0)^2 + b^2} \,, \tag{3}$$

wobei a und b dargestellt werden durch

$$\ln\left(\frac{I_0}{I}\right)_{\nu_{\max}} = \frac{a}{b^2} \qquad \text{und} \qquad \Delta\nu^t_{1/2} = 2\,b \qquad (\text{true}) \,. \tag{4}$$

Für α_ν eingesetzt, erhält man für A

$$A = \frac{1}{c \cdot l} \int_{-\infty}^{+\infty} \frac{a}{(\nu - \nu_0)^2 + b^2} \, d\nu = \frac{\pi}{c \cdot l} \cdot \ln\left(\frac{I_0}{I}\right)_{\nu_{\max}} \cdot \Delta\nu^t_{1/2} \,. \tag{5}$$

Damit würde man für A sofort einen Wert erhalten, wenn man die beiden Größen aus der registrierten Absorptionsbande entnehmen könnte. Das ist jedoch nicht möglich, da das Spektralgerät nicht monochromatisch ist. Durch die endliche Spaltbreite fällt Strahlung eines bestimmten Wellenzahlintervalls auf den Strahlungsempfänger, so daß die Form der Bande dadurch modifiziert wird. Die der Bande entnommenen Werte bezeichnet man mit scheinbarer Maximalextinktion und scheinbarer Halbwertsbreite

$$\ln\left(\frac{T_0}{T}\right)_{\nu_{\max}} \qquad \text{und} \qquad \Delta\nu^a_{1/2} \qquad (\text{apparent}) \,. \tag{6}$$

Um nun zu einer Beziehung zwischen den wahren und scheinbaren Werten zu kommen, muß man diese sogenannte Spaltfunktion präzisieren. Unter bestimmten Bedingungen, die in den heutigen kommerziellen Geräten durchwegs erfüllt sind, hat die Spaltfunktion Dreiecksform mit einer Basislänge, die das Doppelte der spektralen Spaltbreite s beträgt.

Mit Hilfe dieser Spaltfunktion konnte das Verhältnis von wahrer zu scheinbarer Maximalextinktion und von scheinbarer zu wahrer Halbwertsbreite aufgestellt werden und in Abhängigkeit von den Parametern s, $\Delta\nu^a_{1/2}$ und $\ln\left(\frac{T_0}{T}\right)_{\nu_{max}}$ tabelliert werden.

Für den Ausdruck der integralen Intensität der Methode I ergibt sich hiermit

$$A = \frac{1}{c \cdot l} \ln\left(\frac{T_0}{T}\right)_{\nu_{max}} \Delta\nu^a_{1/2} \cdot K\,, \tag{7}$$

wobei K ein Zahlenfaktor ist, ebenfalls bei Ramsay tabelliert.

Wie man aus dem Ausdruck sieht, genügt es, die Bande an drei Punkten zu vermessen, um zur integralen Absorptionsintensität zu kommen. Daraus folgt sofort, daß die Genauigkeit der Methode I stark davon abhängt, wie genau sich die wahre Absorptionsbande durch eine Lorentz-Kurve darstellen läßt.

Bei unsymmetrischen Banden hilft man sich damit, daß man für jede Bandenhälfte die zugehörige Halbwertsbreite ermittelt und so zum Ziel gelangt. Voraussetzung ist natürlich auch hier, daß beide Bandenhälften durch die entsprechenden Lorentz-Kurven dargestellt werden können. Kabana und Sandorfy [2] gehen hier noch einen Schritt weiter. Sie benutzen neben der Halbwertsbreite $\Delta\nu_{1/2}$ auch die Achtelwertsbreite $\Delta\nu_{1/8}$, die Viertelwertsbreite $\Delta\nu_{1/4}$ und die Dreiviertelwertsbreite $\Delta\nu_{3/4}$, wobei die Bande in entsprechende Segmente geteilt wird.

Bei unsymmetrischen Banden wird die Berechnung wieder für jede Bandenhälfte durchgeführt. Der Wert A wird dadurch zwar genauer, aber es geht der große Vorteil der Methode I verloren, nämlich in relativ kurzer Zeit unter bestimmten Voraussetzungen zu brauchbaren Werten der integralen Intensität zu kommen.

Bedeutend genauer, aber dafür zeitraubender sind die beiden anderen Methoden. Bei der Methode II nach Ramsay wird die Fläche unter der Extinktionskurve ermittelt.

Ramsay hat die wahre Intensität A

$$A = \frac{1}{c \cdot l} \int\limits_{-\infty}^{+\infty} \ln\left(\frac{I_0}{I}\right)_\nu d\nu\,, \qquad B = \frac{1}{c \cdot l} \int\limits_{-\infty}^{+\infty} \ln\left(\frac{T_0}{T}\right)_\nu d\nu \tag{8}$$

und die scheinbare Intensität B für verschiedene Maximalextinktionen berechnet und das Verhältnis beider Größen in einem Diagramm über der scheinbaren Maximalextinktion aufgetragen (Abb. 1).

Dabei ergibt sich eine Gerade mit einer geringen negativen Steigung Θ. Stellt man die Gleichung der Geraden auf, so erhält man

$$\frac{B}{A} = 1 + \Theta \cdot \ln\left(\frac{T_0}{T}\right)_{\nu_{max}}, \tag{9}$$

$$B = A + A\,\Theta \ln\left(\frac{T_0}{T}\right)_{\nu_{max}}, \tag{10}$$

$$A = \frac{B}{1 + \Theta \ln\left(\frac{T_0}{T}\right)_{\nu_{max}}}. \tag{11}$$

Man kann nun die wahre Integralintensität sowohl graphisch als auch rechnerisch ermitteln. Bei der graphischen Auswertung geht man von der Gleichung (10) aus und trägt die Werte der scheinbaren integralen Intensität über der scheinbaren Maximalextinktion auf. Die Meßpunkte erhält man dadurch, daß durch geeignete Variation der Schichtdicke und Konzentration mehrere Banden registriert werden. Der Schnittpunkt der Geraden mit der Ordinate liefert den Wert der wahren integralen Intensität A.

Für die rechnerische Ermittlung ist es notwendig, die Neigung der Geraden zu kennen. Sie ist abhängig von dem Verhältnis der spektralen Spaltbreite s zur wahren Halbwertsbreite. Für die LORENTZ-Form und Dreiecksspaltfunktion hat RAMSAY die Werte für Θ in einer Tabelle zusammengestellt. Damit ist es an und für sich möglich, aus einer einzigen Bande den Wert A zu erhalten. Man wird natürlich mehrere Banden verwenden, um Fehler vor allem der Einwaage, der Schichtdicke oder der Flächenbestimmung sofort zu erkennen.

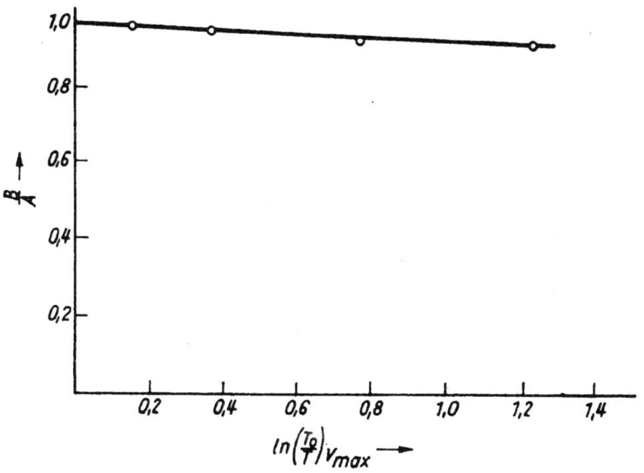

Abb. 1

Bei der praktischen Ermittlung des Wertes der scheinbaren integralen Intensität B ist folgendes zu beachten: Die erhaltenen Banden, die meist im Durchlässigkeitsmaßstab registriert sind, müssen auf Extinktionswerte umgezeichnet werden. Das geschieht über ein geeignetes Millimeterpapier, das in der Ordinate logarithmisch geteilt ist. Um die Fläche der umgezeichneten Kurve ermitteln zu können, müssen geeignete Integrationsgrenzen festgelegt werden. Die restliche Fläche unter der Kurve, die sich ins Unendliche erstreckt, muß zu der ermittelten Fläche hinzugerechnet werden. Unter der Annahme einer LORENTZ-Kurve und der Dreiecksspaltfunktion berechnet RAMSAY diese Flügelkorrektur und gibt sie in einer Tabelle in Abhängigkeit von $(\nu - \nu_0)/b$ an. Wählt man $(\nu - \nu_0) \geqq 7\,b$, so bleibt die Korrektur unterhalb von 10%. Leider ist es bei vielen Problemen nicht möglich, diese Bedingung einzuhalten, da die vermessenen Banden wenig isoliert und in den Flügeln stark störanfällig sind. Deshalb ist die Flügelkorrektur die schwächste Stelle bei der Intensitätsmessung. Gegen den hier entstehenden Fehler sind die Fehler der Einwaage, der Schichtdicke und der Flächenermittlung zu vernachlässigen.

Bei der Methode III nach RAMSAY handelt es sich um folgendes: Man geht von dem Ausdruck aus

$$A' = \int_{-\infty}^{+\infty} \left(1 - \frac{I}{I_0}\right)_\nu d\nu\,. \tag{12}$$

$\left(\frac{I}{I_0}\right)_\nu$ ist nach dem Absorptionsgesetz eine e-Funktion, deren Reihenentwicklung hier eingesetzt und der Faktor $c \cdot l$ hinüber genommen wird. Es ergibt sich

$$\frac{A'}{c \cdot l} = \int \left\{\alpha_\nu - \frac{1}{2!}\alpha_\nu^2 \cdot c\,l + \frac{1}{3!}\alpha_\nu^3\,(c \cdot l)^2 - \ldots\right\} d\nu \tag{13}$$

und man erhält A durch Limesbildung $c\,l \to 0$, also

$$A = \lim_{c \cdot l \to 0} \frac{A'}{c \cdot l} = \int \alpha_\nu \, d\nu \,. \tag{14}$$

Zum Zweck der praktischen Auswertung wird der Summenausdruck umgeformt und unter Voraussetzung der LORENTZ-Form ergibt sich

$$A = \frac{A'}{c \cdot l} \cdot \varphi \qquad \text{mit} \qquad \varphi = 1 \Bigg/ \left\{ 1 - \frac{1}{4} \ln \left(\frac{I_0}{I}\right)_{\nu_{\max}} + \frac{1}{3!} \cdot \frac{3 \cdot 1}{4 \cdot 2} \ln^2 \left(\frac{I_0}{I}\right)_{\nu_{\max}} - \ldots \right\}. \tag{15}$$

Auch hier wird für φ eine Tabelle aufgestellt für verschiedene Werte der wahren Maximalextinktion, so daß es damit möglich wird, A rechnerisch zu ermitteln.

Für die graphische Methode ist es zweckmäßig, auf der Ordinate $\frac{c \cdot l}{A'}$ über $\ln \left(\frac{I_0}{I}\right)_{\nu_{\max}}$ aufzutragen. Die Gerade, die sich aus den verschiedenen Meßpunkten ergibt, schneidet die Ordinate bei $1/A$, woraus sich dann A sofort ergibt.

Der Arbeitsgang bei Methode III ist zusammengefaßt folgender:
Nach Einzeichnung geeigneter Integrationsgrenzen wird sowohl die Fläche F_A unter der Durchlässigkeitskurve als auch die gesamte Fläche F_G zwischen der 0%- und der 100%-Linie ermittelt und in den Ausdruck für A' eingesetzt:

$$A' = \frac{F_A}{F_G} 2\,(\nu - \nu_0) \qquad [\text{cm}^{-1}]\,. \tag{16}$$

Nach der Ermittlung der Flügelkorrektur, von der das gleiche gilt wie bei Methode II, nur daß sie hier entsprechend der Definitionsgleichung außer von $\nu - \nu_0/b$ auch noch von der wahren Maximalextinktion abhängt, und des Faktors φ folgt A aus der Bestimmungsgleichung (15).

Vergleicht man die drei Methoden anhand geeigneter Banden, so findet man, daß die Werte aus den Methoden II und III eng beieinander liegen und sich etwa um 1—2% unterscheiden, während der Wert aus der Methode I 5—8% von diesen abweicht.

Der zeitliche Aufwand für die Methode II oder III beträgt für die Aufnahme von 6 Absorptionsbanden am UR 10 5—6 Std. Darin sind die Zeiten für die Einwaage, die Küvettenfüllung und -leerung, die Registrierung des Untergrundes und die Aufnahme eines Übersichtsspektrums enthalten. Für die Auswertung der Banden, d. h. Einzeichnung der Grenzen, der Maximalextinktion und der Halbwertsbreite, für das Planimetrieren und für den Rechengang benötigt man etwa 8—10 Stunden, wobei die obere Grenze durch das Umzeichnen bei der Methode II bedingt ist.

Literatur

[1] RAMSAY, D. A., J. Amer. chem. Soc. **74** (1952) 72.
[2] CABANA, A. und SANDORFY, C., Spectrochim. Acta **16** (1960) 335.

Diskussion

Als erster Beitrag wurde die Anfrage nach der Auswertung überlappter Banden gestellt. Es wurden folgende Fälle diskutiert:

1. Halbierung und Auswertung der ungestörten Hälfte.
2. Glättung.
3. Berechnung unter Zugrundelegung der Annahme zweier sich überlappender LORENTZ-Kurven.

Für die Auswertung von Banden, die die LORENTZ-Funktion nicht erfüllen, führte Herr Dr. SCHUBERT ein rechnerisches Verfahren an, durch Fouriertransformation die Bande zu analysieren.

Als nächster Diskussionspunkt wurde nach der Festlegung des Untergrundes gefragt. Die Festlegung des Untergrundes, wie sie im Vortrag geschildert wurde, fand allgemeine Zustimmung. Es wurden keine anderen Verfahren diskutiert. Das in die Diskussion gebrachte baseline-Verfahren wurde als unzweckmäßig abgelehnt. Es eignet sich nur für Analysen nach dem Eichkurvenverfahren, da es den Voraussetzungen für Absolutmessungen — der Erfüllung der LORENTZ-Kurve — nicht entspricht.

In Zusammenhang damit formulierte Herr Dr. KRIEGSMANN folgende Forderungen an die Gerätebauer:

1. Die Entwicklung eines Integrators.
2. Die Bereitstellung hochauflösender Geräte für die Intensitätsmessungen.

Im Anschluß daran befaßte sich die Diskussion mit der Frage der Reproduzierbarkeit der Intensitätswerte. Sie liegt bei einer Bande ein- und derselben Lösung am gleichen Gerät unterhalb von 1%; der Fehler eines Intensitätswertes beträgt an ein- und demselben Gerät gemessen ~3—5%, an zwei Geräten desselben Typs gemessen ~7% und an zwei Geräten verschiedener Typen gemessen ~10%.

Eine Abschätzung der Ultrarot-Absorptionsintensität von chemisorbierten Schichten

H. DUNKEN und E. EBERHARDT[1])

Institut für Physikalische Chemie der Friedrich-Schiller-Universität Jena

Zusammenfassung

Es werden Ergebnisse spektroskopischer Untersuchungen über die Chemisorption von Kohlenmonoxid an aufgedampften Metallfilmen hinsichtlich der Absorptionsintensität näher betrachtet. Daraus ergibt sich die Möglichkeit für eine grobe Abschätzung der zu erwartenden maximalen Absorption der asymmetrischen $\mathrm{C}{<}^{\mathrm{O}}_{\mathrm{O}}$-Schwingung von chemisorbierter Stearinsäure. Diese Abschätzung ermöglicht bei der Deutung neu aufgefundener Banden eine Entscheidung zwischen Chemisorption und chemischer Reaktion.

Die Methode der Durchstrahlung dünner, im Vakuum aufgedampfter Metallfilme wurde für Chemisorptionsuntersuchungen bisher nur in wenigen Fällen angewendet [1, 2, 3, 4]. Der Hauptgrund hierfür dürfte darin liegen, daß die zu erwartenden Absorptionswerte von Banden der chemisorbierten Schicht erheblich niedriger liegen als bei der am häufigsten gebrauchten Methode der Verteilung des Metalles auf Trägerteilchen [5, 6], was bedingt ist durch die erheblich größere Oberfläche und somit chemisorbierbare Teilchenmenge pro cm^2 des Strahlenquerschnittes im letzten Falle.

Wir betrachten eine Oberfläche, welche völlig eben sein soll, und an der sich ein chemisorbierter Film der Stärke 10 Å befinden soll. Hat die Substanz dieses Filmes in flüssiger Form bei einer Schichtdicke 10 μm die Absorption $A = 50\%$ für eine beliebige Bande (dieser Wert liegt durchaus im mittleren Bereich der vorkommenden Absorptionswerte), so errechnet sich mit Hilfe des LAMBERT-BEERschen Gesetzes für eine 10 Å starke Schicht

$$A = 0{,}0075\,\%\,.$$

Derartig schwache Absorptionen können mit den gebräuchlichen Spektralphotometern nicht mehr nachgewiesen werden.

Bei der Berechnung ist allerdings Voraussetzung, daß die in der Extinktion

$$E = \varepsilon \cdot c \cdot d$$

auftretenden Größen ε und c, also der molare Extinktionskoeffizient und die Konzentration (etwa in Mol/cm^3) nicht gegenüber der Flüssigkeitsschicht verändert sind (d = Schichtdicke). Während dies für c bei monomolekularer Bedeckung ungefähr der Fall ist, kann ε größeren Veränderungen, sowohl Vergrößerungen als auch Verkleinerungen, unterworfen sein [7; 6, S. 786], welche jedoch die Intensitätsschwierigkeit nicht beseitigen.

Aufgedampfte Metallschichten sind nicht völlig eben. Sie haben je nach den Aufdampfbedingungen infolge Rauhigkeit und Porosität eine Oberfläche, die ein Vielfaches ihrer sich aus den makroskopischen Abmessungen ergebenden geometrischen Oberfläche beträgt. Dadurch wird die Anzahl chemisorbierbarer Moleküle im Strahlengang erhöht. Eine weitere Erhöhung ist durch Anordnung mehrerer Filme nacheinander möglich. Macht man ferner

[1]) Jetzige Anschrift: VEB Mineralölwerk Lützkendorf, Krumpa üb. Merseburg.

von der Möglichkeit des sogenannten „scale expanding" bei geringer Grundabsorption Gebrauch, wonach Dehnungen um den Faktor 20 [8] möglich sind, so kann man bei Molekülen mit Gruppen hoher molarer Extinktionskoeffizienten brauchbare Absorptionen erwarten. (Diese Möglichkeit ist z. Z. aus apparativen Gründen für uns noch nicht anwendbar.)

Die Untersuchung der Wechselwirkung von Stearinsäure mit Kupferoberflächen wurde nach dem Verfahren der aufgedampften Filme vorgenommen [9]. Unter gewissen Bedingungen, die an dieser Stelle nicht näher angegeben werden sollen [10], ergaben sich bisher unbekannte Banden mit Absorptionswerten von 20% und darüber. Da das Auftreten dieser Banden mit dem Verschwinden der C=O-Frequenz der Karboxylgruppe in der freien Stearinsäure gekoppelt war, lag es nahe, anzunehmen, daß die Wechselwirkung mit der Cu-Oberfläche von der Karboxylgruppe ausging, und daß diese der Oberfläche zugewandt ist.

Das Verschwinden der C=O-Frequenz läßt sich weiter durch Ionisierung der Stearinsäure-Moleküle infolge Abtrennung des Protons der Karboxylgruppe erklären. Diese Ionisierung tritt ganz allgemein ein bei der Bildung der Metallsalze der Fettsäuren. Dabei werden die beiden Sauerstoffatome gleichberechtigt, was infolge Kopplung zu einer Aufspaltung in eine symmetrische und eine asymmetrische Schwingung führt [11]. Die gefundenen Banden liegen im Bereich der asymmetrischen Schwingung, deren Lage je nach dem an die Stelle des Wasserstoffs getretenen Substituenten etwas verschieden ist. Deshalb wurden die Banden der asymmetrischen Schwingung der ionisierten Karboxylgruppe zugeordnet. Bei der Wechselwirkung konnten nun die betroffenen Metallatome im Metallverband der Oberfläche verbleiben (Chemisorption), oder sie konnten aus ihm herausgelöst werden (chemische Reaktion). Da im letzten Falle die Wechselwirkung sich nicht auf eine monomolekulare Schicht beschränkt, sind die möglichen Absorptionswerte viel höher als bei der Chemisorption.

Im folgenden soll durch eine Intensitätsbetrachtung entschieden werden, ob die neu aufgetretenen Banden durch eine Chemisorption oder eine chemische Reaktion hervorgerufen werden können. Da die hierbei gebrauchten Größen und Einflüsse zum Teil nur sehr ungenau bekannt sind, bedingt durch die mangelnden Ergebnisse und Erfahrungen auf diesem Gebiet, kann es sich nur um eine grobe Abschätzung handeln, die jedoch gewisse Auskünfte zu vermitteln vermag.

Dazu betrachten wir die Verhältnisse bei der Chemisorption von CO an Metalloberflächen, über die einige Ergebnisse vorliegen [1, 2, 3, 5, 6] und vergleichen sie mit den Verhältnissen bei der Stearinsäure. Der Vergleich liegt nahe, einmal weil die einzigen brauchbaren Ergebnisse über spektroskopische Untersuchungen der Chemisorption an aufgedampften Metallfilmen mit CO vorliegen, und zum anderen, weil die Stearinsäure (bzw. die ionisierte Stearinsäure) ja ebenfalls CO-Gruppen enthält, deren Schwingungsbanden beobachtet werden. Wegen der Kopplung der beiden CO-Gruppen der ionisierten Karboxylgruppe müssen wir die asymmetrische Valenzschwingungsbande als zu zwei CO-Gruppen zugehörig betrachten.

Eischens und Mitarbeiter dampften in einer Aufdampfapparatur für elektronenmikroskopische Präparationszwecke vier Platinfilme auf CaF_2-Platten auf. Diese Filme brachten sie dann durch die Zimmerluft in eine Küvette, wo sie 18 Stunden lang einer CO-Atmosphäre von 760 Torr ausgesetzt waren. Bei der Aufnahme des Spektrums wurde die Absorptionsskala um den Faktor 5 gedehnt.

Die Probe zeigte sehr gut eine scharfe Bande bei 2140 cm^{-1}, die der CO-Valenzschwingung entspricht. Dabei ist das CO gemäß M=C≡O in der sogenannten linearen Struktur chemisorbiert. Die maximale Absorption dieser Bande liegt bei 80%, während die Untergrundabsorption 31% beträgt (siehe z. B. [1, Seite 50]. Unter Berücksichtigung des Dehnungsfaktors 5 und Verwendung des Lambert-Beerschen Gesetzes in der Form $A = 1 - 10^{-E}$ errechnet man daraus für zwei Filme, wie sie in den eigenen Messungen verwendet wurden

$$E = 0{,}024 \quad \text{und} \quad A \approx 5{,}4\,\% \,.$$

Ein ähnlich hoher Wert wurde bei eigenen Messungen am System Cu–CO, die als Kontrollmessungen dienten, gefunden. Hier ist das CO ebenfalls in der linearen Form chemisorbiert [12].

Der molare Extinktionskoeffizient der CO-Gruppe wurde von Eischens und Mitarbeitern gleich dem der CO-Gruppe in den Metallkarbonylen, welcher bekannt ist, angenommen. Nach Division durch die Loschmidtsche Zahl L und Berücksichtigung der Zahl von CO-Gruppen pro Molekül erhält man daraus den Extinktionskoeffizienten einer absorbierenden Gruppe, der mit

$$\varepsilon_{CO} = 0{,}87 \cdot 10^{-18}\ \text{cm}^2/\text{Gruppe angegeben wird.}$$

(Der von Eischens [6] angegebene Wert wurde entsprechend dem hier gebrauchten dekadischen Logarithmus umgerechnet.)

Für die C=O-Gruppe der freien Stearinsäure wurde der ähnlich hohe Wert

$$\varepsilon_{St} = 1{,}28 \cdot 10^{-18}\ \text{cm}^2/\text{Gruppe}$$

aus eigenen Messungen bestimmt.

Dieser Wert ist ungefähr gleich groß demjenigen der asymmetrischen CO-Schwingung der ionisierten Stearinsäure, wie sich durch Vergleich der zugehörigen CH_2-Banden zeigen läßt. Im folgenden wird deshalb dieser Wert für die ionisierte Stearinsäure übernommen. Da er höher liegt als beim CO, erscheint es also durchaus möglich, daß chemisorbierte Stearinsäure mit ähnlich hoher Absorption auftreten kann wie das chemisorbierte CO, bzw. daß die oben erwähnten Banden durch chemisorbierte Stearinsäure hervorgerufen werden können.

Es soll hier noch darauf hingewiesen werden, daß der Extinktionskoeffizient der CO-Valenzschwingung einer der höchsten, in UR-Spektren überhaupt auftretenden ist, wodurch der Nachweis von chemisorbiertem CO an zwei aufgedampften Schichten erst möglich ist.

Wir betrachten das Ergebnis der CO-Chemisorption etwas genauer. Für eine aufgedampfte Schicht ergibt sich

$$E = 0{,}012\,.$$

Bei Verwendung der Beziehung $E = \varepsilon \cdot c \cdot d$ und Einsetzen des ε_{CO} erhält man

$$c \cdot d \approx 1{,}4 \cdot 10^{16}\ \text{Gruppen/cm}^2 = 1{,}4\ \text{Gruppen/Å}^2\,.$$

Die Größe $c \cdot d$ hat die Bedeutung einer Flächenkonzentration. Die Fläche, welche eine chemisorbierte CO-Gruppe auf der Oberfläche einnimmt, ist nicht genau bekannt. Berechnet man sie aus dem Flüssigkeitsvolumen, so erhält man unter der Annahme würfelförmiger Gestalt 16,8 Å² [13]. Da das Molekül jedoch gestreckt ist, „steht" die CO-Gruppe mit einer kleineren Fläche auf der Oberfläche. Wir nehmen sie mit 10 Å² an. Dies entspricht bei Annahme des Wertes aus dem Flüssigkeitsvolumen einem Durchmesser 3,5 Å und einer Länge 7 Å.

Es ergibt sich mit der errechneten Flächenkonzentration, daß auf dieser Fläche 14 CO-Gruppen vorhanden sind, die nur untergebracht werden können, wenn die Oberfläche infolge Porosität und Rauhigkeit für die CO-Gruppen mindestens 14mal so groß ist wie ihre Querschnittsfläche im Strahlengang, d. h. ihre geometrische Oberfläche. Sofern nun bekannt ist, daß die bei der Aufnahme des Spektrums vorgelegene Bedeckung monomolekular war, kann geschlossen werden, daß die Oberfläche genau 14mal gegenüber ihrem geometrischen Wert vergrößert ist. (Das Wort „genau" ist hier mit dem anfangs gegebenen Vorbehalt zu verstehen.)

Für diesen Schluß liegen leider keine genauen Anhaltspunkte vor, die sich besonders über die Aufnahme von Adsorptionsisothermen an aufgedampften Metallfilmen ergeben würden.

Es kann hier nur bemerkt werden, daß die zur Gewinnung der Spektren gebrauchten Bedingungen, wie 18 Stunden Einwirkungsdauer des CO bei 760 Torr Druck (bzw. 380 Torr im eigenen Versuch) im Verhältnis zu sonst üblichen Bedingungen bei Chemisorptionsuntersuchungen als sehr radikal anzusehen sind. Kompliziert werden die Verhältnisse dadurch, daß besonders in dem Versuch von Eischens und Mitarbeitern, wo der aufgedampfte Metallfilm vor der CO-Einwirkung mit Zimmerluft in Berührung kam, und ebenso beim eigenen Versuch mit Bedingungen, welche den Einbau von Sauerstoffatomen in das Metallgitter, insbesondere an dessen Oberfläche, ohne weiteres zulassen, die Oberfläche teilweise oxydiert vorlag. Das CO mußte bei der Chemisorption den Sauerstoff aus dessen Bindung verdrängen. Abgesehen davon, daß die Verdrängung, abhängig von der Temperatur, einige Stunden in Anspruch nehmen konnte, kann durch die vorangegangene Oxydation eine Veränderung der Oberflächengestalt zustande gekommen sein. Nach Rhodin [14] müßte bei den hier vorhanden gewesenen Bedingungen eine Verringerung der ursprünglichen Rauhigkeit eingetreten sein.

Nehmen wir für das betrachtete Spektrum monomolekulare Bedeckung an, so erhalten wir einen Oberflächenvergrößerungsfaktor 14.

Von Eischens und Mitarbeitern war bei der Chemisorption von CO an Platin, welches auf Trägerteilchen aufgebracht war, eine Erhöhung des Extinktionskoeffizienten der CO-Gruppen bei hohen Bedeckungen gegenüber dem Wert bei isolierten Gruppen gefunden worden [6, S. 786]. Der Erhöhungsfaktor bei monomolekularer Bedeckung war 1,7.

Zur Deutung wurde die gegenseitige Beeinflussung der unmittelbar nebeneinander liegenden Gruppen in Form einer Schwingungskopplung herangezogen. Zieht man einen ähnlich hohen Faktor bei der CO-Chemisorption an aufgedampftem Cu in Betracht, über dessen Wirksamkeit allerdings keine Ergebnisse vorliegen, so erniedrigt sich der Oberflächenvergrößerungsfaktor auf $14:1{,}7 \approx 8$.

Eischens [1, 3] hatte den Wert 10 für den Oberflächenvergrößerungsfaktor bei der Chemisorption von CO an seinen aufgedampften Platinfilmen angegeben, ohne allerdings den Weg zu dessen Abschätzung zu beschreiben.

Wir fragen jetzt nach der Menge von ionisierten Stearinsäuremolekülen, die bei monomolekularer Bedeckung auf der Flächeneinheit der geometrischen Oberfläche untergebracht werden können. Dabei gebrauchen wir für den Flächenbedarf des senkrecht zur Oberfläche orientierten Ions den aus Spreitungsmessungen gewonnenen Wert 20,5 Å². Der Oberflächenvergrößerungsfaktor ist von der Molekülgestalt bzw. Größe des chemisorbierten Moleküls stark abhängig. Er ist weiter sehr stark abhängig von der Struktur der Oberfläche, wie Rauhigkeit und Porosität. Es ist anschaulich unmittelbar klar, daß kleineren Molekülen auch kleinere Poren zugänglich sind, deren innere Oberfläche dann noch zur Gesamtoberfläche beiträgt, während größere Moleküle die entsprechenden Poren verstopfen und auch durch ihr Gesamtvolumen einen weiteren Teil von Molekülen von der Oberfläche abhalten können. Das Stearinsäuremolekül ist mit der Grundfläche 20,5 Å² und der Länge 26 Å erheblich größer als das CO-Molekül (10 Å², 7 Å).

Leider ist über die Struktur der aufgedampften Schichten in diesem Größenbereich sehr wenig bekannt, wodurch genauere Berechnungen des Vergrößerungsfaktors für verschiedenartige Moleküle nicht möglich sind.

Nehmen wir zunächst, was keineswegs gerechtfertigt ist, an, daß der Oberflächenvergrößerungsfaktor für chemisorbierte Stearinsäure wie beim CO hochgegriffen 14 ist, so würde das auf der Fläche 20,5 Å² 14 Gruppen bedeuten.

Damit ergibt sich

$$c \cdot d = \frac{14}{20{,}5} \frac{\text{Gruppen}}{\text{Å}^2} \approx 0{,}7 \frac{\text{Gruppen}}{\text{Å}^2}.$$

Unter Verwendung des ε_{St} errechnet sich damit für zwei Schichten

$$E \approx 0{,}018 \quad \text{bzw.} \quad A \approx 4\%.$$

Für den Vergrößerungsfaktor 8 ergibt sich $A \approx 2{,}5\%$. Der wirklich zu erwartende Wert wird darunter liegen, obgleich unbekannt bleibt, wie weit er gegen den errechneten abgeschwächt ist.

Wie bereits angedeutet, gibt es eine Reihe von Faktoren, welche die Absorption, d. h. den molaren Extinktionskoeffizienten, an einer Oberfläche verändern können. Da sich diese Faktoren besonders auf die der Oberfläche näheren Molekülteile auswirken müßten, würde sich im Falle ihres Wirkens eine Änderung des Intensitätsverhältnisses der Banden von spezifischen oberflächennahen Gruppen zu der Oberfläche entfernteren Gruppen, im Falle der Stearinsäureionen von den CO_2^-- zu den CH_2-Banden, bemerkbar machen, was aber nicht beobachtet wurde.

Daher wurde in Beantwortung der eingangs gestellten Frage geschlossen, daß die neu aufgetretenen Banden mit Absorptionswerten von 20% und darüber nicht durch Chemisorption, sondern durch chemische Reaktion verursacht werden.

Neben dieser Intensitätsbetrachtung gibt es noch einige andere Gründe, die auf eine chemische Reaktion schließen lassen [10], über die jedoch hier nicht berichtet werden soll. Dieser Vortrag sollte die Problematik der spektroskopischen Chemisorptionsuntersuchungen insbesondere bei der Methode der aufgedampften Filme aufzeigen, da diese Methode nach gelöstem Intensitätsproblem einige Vorteile in der Arbeitstechnik verspricht.

Literatur

[1] Eischens, R. P. und Pliskin, W. A., Advances in Catalysis Vol. **10**, Academic Press, New York 1958.

[2] Eischens, R. P., J. Phys. and Chem. Solids **14** (1960) 56.

[3] Eischens, R. P., Vortr. 5. Welterdölkongreß, New York, v. 30. 5. bis 5. 6. 1959.

[4] Grjaznow, V. M., Yagodowski, V. D., Bogomolnyi, A. M., Huo, Tiu-Ou, DAN **121** (1958) 499.

[5] Eischens, R. P., Francis, S. R. und Pliskin, W. A., J. Phys. Chem. **60** (1956) 194.

[6] Eischens, R. P., Z. Elektrochemie **60** (1956) 782.

[7] Karagounis, G. und Peter, O., Z. Elektrochemie **61** (1957) 1094, dto. **63** (1959) 1120.

[8] Francis, S. A. und Ellison, A. H., J. opt. Soc., Am. **49** (1959) 131.

[9] Eberhardt, E. und Mehliss, G., Z. Chemie **1** (1961) 248.

[10] Eberhardt, E., Dissertation Jena.

[11] Duval, C., Lecomte, J. und Douville, F., Ann. Phys. **17** (1942) 5.

[12] Eberhardt, E. und Mehliss, G., unveröffentlichte Ergebnisse.

[13] Emmett, P. H. und Brunauer, S., J. Amer. chem. Soc. **59** (1937) 1559.

[14] Rhodin, T. N., Advances in Catalysis Vol. **5**, Academic Press, New York 1953.

Diskussion

In Zusammenhang damit, daß der Vortragende nur in Transmission gemessen hat, wurde auf die Anwendung der Methode der geschwächten Totalreflektion hingewiesen. Es wurde jedoch herausgestellt, daß sich dieses Verfahren für die Messung monomolekularer Schichten nicht eignet, da die Eindringtiefe der totalreflektierten Welle in der Größenordnung einer Wellenlänge liegt.

Probleme der Intensitätsmessungen im RAMAN-Effekt

G. SCHREIBER

Institut für Optik u. Spektroskopie
der Deutschen Akademie der Wissenschaften zu Berlin, Berlin-Adlershof

Mit den heute vorhandenen photoelektrischen RAMAN-Spektrometern, über die J. BRANDMÜLLER und H. MOSER [1] zusammenfassend berichtet haben, ist es möglich geworden, Messungen der Intensitäten im RAMAN-Effekt vorzunehmen. Derartige Messungen haben für die Analyse von Substanzen sowie für die Theorie, z. B. für die Temperaturabhängigkeit der Intensitäten und für den Resonanz-RAMAN-Effekt, große Bedeutung erlangt. Die dabei auftretenden Probleme sind apparativer und theoretischer Art. Die apparativen Probleme sind denen der Emissionsspektralanalyse ähnlich. Es ist bisher nicht möglich gewesen, den großen Vorteil des optischen Nullabgleiches der Zweistrahlmethode bei der Absorptionsspektralanalyse irgendwie bei Messungen in der Emissionsspektralanalyse aufzuholen. Das theoretische Problem ist vornehmlich das der Temperaturabhängigkeit der RAMAN-Intensitäten.

Bei der Festlegung einer Intensitätsskala in der Emission muß man sich auf eine Standardintensität I_S^* beziehen, so daß alle apparativen Parameter eliminiert werden, die auf die Intensität der Probe I_P^* und auf die Standardintensität die gleichen Einflüsse ausüben. Durch den Bezug auf die Standardintensität werden die geometrischen Daten des Spektrometers eliminiert, die für den Energiestrom durch das Spektrometer maßgebend sind. Auch die Lichtstärke des RAMAN-Brenners wird eliminiert; nur die langzeitigen Schwankungen des Brenners gehen als Fehler in die Messungen ein. Die Doppelröhrchenmethode nach W. OTTING [2] würde auch diese Fehlerquelle beseitigen, wenn es gelingen sollte, diese Methode für die photoelektrische Registrierung nutzbar zu machen. Im allgemeinen wird die Methode des äußeren Standards angewendet, da die des inneren Standards alle Probleme der Mischungsanalyse mit sich bringt.

Als Standardintensitäten werden vornehmlich die RAMAN-Linien 314 cm^{-1} und 459 cm^{-1} des Tetrachlorkohlenstoffes, die RAMAN-Linien 801 cm^{-1} und 1600 cm^{-1} des Cyclohexans und die RAMAN-Linie 1600 cm^{-1} des Benzols verwendet.

Um zu einer vom jeweiligen Meßapparat unabhängigen Intensität einer RAMAN-Linie zu gelangen, müssen die verschiedensten apparativen Einflüsse untersucht und an den beobachteten Intensitäten Korrekturen vorgenommen werden. Diese Einflüsse und Korrekturen werden in den folgenden Punkten behandelt.

1. *Die Verformung der Spektrallinie bei der photoelektrischen Registrierung durch die endliche Breite des Photometerspaltes* gestattet es nicht, die maximale Intensität einer Spektrallinie als Maß für die Intensität zu verwenden. Auch das Verhältnis der maximalen Intensitäten zweier Linien ist kein Maß, da dieses Verhältnis selbst bei gleichen Registrierbedingungen von den Halbwertsbreiten b [cm^{-1}] der RAMAN-Linien abhängt. M. SCHUBERT [3] hat gezeigt, daß eine photoelektrische Registrierung möglichst mit einer Zeitkonstanten T [s] und einer Registriergeschwindigkeit v [cm^{-1}/s] vorgenommen werden soll, für die

$$\frac{b}{v \cdot T} = 4$$

gilt. Als völlig unabhängig von der Spaltfunktion des Spektralapparates und den Registrierbedingungen erweist sich die *integrierte Intensität I**

$$I^* = \int_0^\infty I(\sigma) \cdot d\,\sigma\,,$$

die durch Planimetrieren der Fläche unter der Linie gewonnen wird. K. FREI und Hs. H. GÜNTHARD [4] zeigten dies unter den Voraussetzungen, daß die Spaltfunktion sowie $I(\sigma)$ mit allen Ableitungen im Unendlichen nach Null gehen und daß für den Frequenzgang $F(\omega)$ der gesamten Registriereinrichtung $F(0) = 1$ gilt. Das Verhältnis zur integrierten Standardintensität I_S^*

$$I_{\text{beob}} = \frac{I_P^*}{I_S^*}$$

wird als *relative integrierte Intensität* bezeichnet.

2. *Die Konstanz der Lichtleistung des* RAMAN-*Brenners* ist bei den wassergekühlten Hg-Niederdruckbrennern in Toronto-Form für Intensitätsmessungen ausreichend. Verhältnisschaltungen [5], die eine Registrierung der RAMAN-Linien im Vergleich zur Erregerlinie ermöglichen, sind nicht erforderlich. Es genügt, den Entladungsstrom konstant zu halten. Ein genügend hoher Vorwiderstand sowie eine gesonderte Stromversorgung erzielen eine genügende Konstanz des Energiestromes der Linie Hg e von etwa 0,1%.

3. *Die Registrierung des SEV-Stromes* kann am Ausgang des SEV sofort mit einem hochohmigen Potentiometerschreiber erfolgen; der Dunkelstrom muß bei einer solchen Gleichlichtmethode kompensiert werden. Auch die Verstärker für die Wechsellichtverfahren sind genügend stabil und konstant. Die Versorgungsspannung des SEV muß auf 10^{-4} konstant sein, was bei den Netzgeräten allgemein realisiert ist.

4. *Einfluß des Probenvolumens, der Abbildung des Volumenstrahlers sowie des Brechungsindex der Probe auf die integrierte Intensität.* Der Einfluß des Brechungsindex der Probe auf die integrierte Intensität ist zweierlei Art. Mit dem Brechungsindex verändert sich die Abbildung des Volumens in den Spektralapparat und damit der Energiestrom durch diesen. Vom Brechungsindex der Probe hängt auch der in die Probe gelangende Energiestrom ab, da Brechungen und Totalreflexionen im Streurohr auf die Bestrahlung des Volumens von Einfluß sind. Diese beiden Effekte des Brechungsindex auf den Energiestrom des RAMAN-Lichtes durch den Spektralapparat sind rein geometrisch-optischer Art. Ein weiterer Effekt tritt durch die Dielektrizitätskonstante $\varepsilon\left(n = \sqrt{\varepsilon}\right)$ der Probe auf. Die um ein Molekül befindlichen Nachbarmoleküle verändern das elektrische Feld und damit die Polarisierbarkeit des Moleküls. Dieser Effekt wird der innere Feldeffekt genannt.

D. G. REA [6] hat ein Verfahren angegeben, mit dem man beide Effekte, den inneren Feldeffekt und den geometrisch-optischen Effekt, trennen und korrigieren kann. REA macht dazu die Voraussetzungen, daß die erregende Strahlung mit einem kleinen Konvergenzwinkel in das Streurohr gelangt und daß nur ein zylinderförmiges Volumen mit dem Durchmesser d in den Spektralapparat abgebildet wird, für das

$$\frac{d}{D} < \frac{1}{n}$$

gilt, wobei D der Durchmesser des Streurohres und n der Brechungsindex der Flüssigkeit ist. Unter diesen Voraussetzungen wird die Strahlungsdichte pro Längeneinheit des Volumenstrahlers

$$S \sim S_B \cdot n \qquad [\mathrm{W \cdot sr^{-1} \cdot cm^{-3}}]\,,$$

wobei S_B die Strahlungsdichte des RAMAN-Brenners ist. Wird der Volumenstrahler in den Spektralapparat abgebildet, so ist der Energiestrom $\dot{W}$, der durch den Spektralapparat gelangt

$$\dot{W} = S^* \cdot \Lambda \cdot l \quad [\mathrm{W}],$$

wobei S^* die reduzierte Strahlungsdichte pro Längeneinheit des Volumenstrahlers, Λ der Lichtleitwert des Spektralapparates und l die Länge des abgebildeten Volumens ist. Dabei braucht dieses Volumen nicht nach G. HANSEN [7] oder optimal nach G. SCHREIBER [8] abgebildet zu werden. Das abgebildete Volumen muß nur einen so großen Querschnitt besitzen, daß die Querschnittsbedingung auch für Proben mit verschiedenen Brechungsindizes erfüllt ist und daß die Wand des Streurohres nicht in diesem Gebiet liegt. Im letzten Fall würde die Voraussetzung von REA nicht erfüllt sein und es würden auch Totalreflexionen des RAMAN-Lichtes die Proportionalität zwischen Energiestrom $\dot{W}$ und Probenlänge l aufheben.

Nun ist aber die reduzierte Strahlungsdichte gegeben mit

$$S^* = \frac{S}{n^2},$$

so daß also der gesamte Energiestrom dem Brechungsindex umgekehrt proportional ist. Dabei wird jedoch vorausgesetzt, daß der Brechungsindex für die Erregerlinie und die RAMAN-Linie gleich ist. Für die relative integrierte Intensität ergibt sich durch beide Effekte eine Korrektur

$$I_{\mathrm{korr}} = \frac{I_P^* \cdot n_P \cdot (R_i)_P}{I_S^* \cdot n_S \cdot (R_i)_S} = I_{\mathrm{beob}} \cdot \frac{n_P \cdot (R_i)_P}{n_S \cdot (R_i)_S},$$

wobei R_i der Korrektionsfaktor für den inneren Feldeffekt ist.

Nun kann man z. B. mit CCl_4-Lösungen verschiedener Konzentrationen an einer Apparatur, die die oben gemachten Voraussetzungen erfüllt, den Korrektionsfaktor $(R_i)_P/(R_i)_S$ für den inneren Feldeffekt ermitteln. Da dieser nur eine Eigenschaft der Lösungen und nicht der Apparatur ist, kann man mit seiner Kenntnis an einer anderen Apparatur, bei der die geometrisch-optischen Voraussetzungen nicht mehr erfüllt zu sein brauchen (z. B. Küvette weit kleineren Volumens), den geometrisch-optischen Korrektionsfaktor $(R_{\mathrm{opt}})_S/(R_{\mathrm{opt}})_P$ ermitteln. Bei kleinerem Volumen des Streurohres, in dem die Totalreflexionen für die Vergrößerung des Energiestromes beitragen, ändert sich dieser Korrektionsfaktor als Funktion von n_P in der Nähe von $n_P = n_{\mathrm{Glas}}$ sehr stark. Für solche Fälle wird der Fehler dieses Korrektionsfaktors recht groß. Hat man genügend Probesubstanz zur Verfügung, so sollte man immer bei Intensitätsmessungen die Voraussetzungen nach REA zu erfüllen versuchen. Hier zeigt sich der Nachteil einiger kommerzieller Geräte, die das Einsetzen genügend großer Streugefäße in die RAMAN-Kammer nicht erlauben.

Die weiteren Korrektionsfaktoren, mit denen die relative integrierte Intensität korrigiert werden muß, werden nur noch der Vollständigkeit halber aufgeführt.

5. *Der Depolarisationsgrad* $\varrho_{th,n}$ *der* RAMAN-*Linien* für natürliches Erregerlicht wird zur Korrektur in folgender Form angebracht [9]:

$$I_{\mathrm{korr}} = I_{\mathrm{beob}} \cdot \frac{(1 + \varrho_{th,n})_S}{(1 + \varrho_{th,n})_P}.$$

Ein Vortrag von Herrn M. SCHUBERT wird sich in diesem Arbeitssymposium ausführlich mit der Messung des Depolarisationsgrades $\varrho_{th,n}$ (auch mit ϱ_w bezeichnet) befassen. Daher soll hier nicht näher auf die apparativen Probleme eingegangen werden, die bei der Messung dieser Größe auftreten.

6. *Die Absorption in der Probe* des Erregerlichtes und des RAMAN-Lichtes machen eine Korrektur erforderlich, die unter vereinfachten Voraussetzungen von J. BEHRINGER [10] zu

$$I_{\mathrm{korr}} = I_{\mathrm{beob}} \cdot \frac{1 - \exp(-\varkappa_S \cdot c \cdot l)}{1 - \exp(-\varkappa_P \cdot c \cdot l)} \cdot \frac{\varkappa_P}{\varkappa_S} = I_{\mathrm{beob}} \cdot \frac{A_P}{A_S}$$

abgeleitet wurde, wobei $\varkappa_P$ und $\varkappa_S$ die molaren Extinktionskoeffizienten für die betr. RAMAN-Linien, c die Molkonzentration und l die Länge des Streuvolumens bedeuten. A_P und A_S sind die abgekürzten Bezeichnungen für diese Absorptionskorrekturen.

7. *Die spektrale Empfindlichkeit* $E(\sigma)$ der gesamten Anordnung wird mit einer Wolframbandlampe bestimmt. Die gemessenen Photoströme $i(\sigma)$ werden ins Verhältnis gesetzt zum Emissionsvermögen $e(\sigma)$ des Wolframs und zur Strahlungsdichte pro Wellenzahlenintervall $N(\sigma)$ des schwarzen Körpers

$$E(\sigma) = \frac{i(\sigma)}{e(\sigma) \cdot N(\sigma)} = \frac{i(\sigma)}{e(\sigma)} \cdot \frac{\exp(c_2\,\sigma/T) - 1}{c_1 \cdot \sigma^3} .$$

$i(\sigma)$ muß mit Hilfe der Lineardispersion des Spektralapparates auf konstantes Wellenzahlenintervall $\Delta\sigma$ korrigiert werden.

Zusammenfassung aller Korrekturen

Für die integrierte Intensität einer STOKESschen RAMAN-Linie erhält man nach G. PLACZEK [11]

$$I^{*}_{0j} = K \cdot g_j \cdot \frac{(\sigma_0 - \sigma_j)^4}{\sigma_j} \cdot N \cdot (45\,a^2_{1j} + 13\,\gamma^2_{1j}) ,$$

wobei σ_0 die Wellenzahl der Erregerlinie und σ_j die der RAMAN-Linie bedeuten. g_j ist der Entartungsgrad der Schwingung, N die Anzahl der streuenden Moleküle und K ein Faktor, der u. a. die Abhängigkeit der Intensität von der Temperatur enthält. Die Größen a_{1j} und γ_{1j} sind Funktionen der Ableitungen der Polarisierbarkeit nach den Normalkoordinaten. Der für die betreffende RAMAN-Linie charakteristische Ausdruck $45\,a^2_{1j} + 7\,\gamma^2_{1j}$ ist gegeben durch

$$45\,a^2_{1j} + 7\,\gamma^2_{1j} = (45\,a^2_{1j} + 13\,\gamma^2_{1j})/(1 + \varrho_{th,\,n}) .$$

Mit Hilfe dieser Beziehung bezeichnen H. J. BERNSTEIN und G. ALLEN [9] als *relativen korrigierten Streukoeffizient* S einer RAMAN-Linie die Größe

$$S = \frac{(45\,a^2_{1j} + 7\,\gamma^2_{1j})_P}{(45\,a^2_{1j} + 7\,\gamma^2_{1j})_S} = \frac{(I_{\text{beob}})_P\,(g_j)_S}{(I_{\text{beob}})_S\,(g_j)_P} \cdot \frac{(\sigma_j)_P}{(\sigma_j)_S} \cdot \frac{(\sigma_0 - \sigma_j)^4_S}{(\sigma_0 - \sigma_j)^4_P}\,\frac{M_P}{M_S} \cdot \frac{d_S}{d_P}$$
$$\times \frac{(R_{\text{opt}})_P}{(R_{\text{opt}})_S} \cdot \frac{(R_i)_P}{(R_i)_S} \cdot \frac{(1 + \varrho_{th,\,n})_S}{(1 + \varrho_{th,\,n})_P} \cdot \frac{A_P}{A_S} \cdot \frac{E(\sigma_j)_S}{E(\sigma_j)_P} .$$

M bezeichnet dabei das Molekulargewicht und d die Dichte der Substanz.

Nach der Theorie [11] sollte der Faktor K für STOKESsche Linien eine Temperaturabhängigkeit der Form

$$\left[1 - \exp\left(\frac{-h \cdot c \cdot \sigma_j}{k \cdot T}\right)\right]^{-1}$$

und für antistokessche Linien der Form

$$\left[\exp\left(\frac{h \cdot c \cdot \sigma_j}{k \cdot T}\right) - 1\right]^{-1}$$

enthalten. Für Wellenzahlen der RAMAN-Schwingungen von $\sigma_j \geqq 1000\ \text{cm}^{-1}$ wird

$$\frac{h \cdot c}{k \cdot T}\,\sigma_j = 4{,}79 \cdot 10^{-3} \cdot \sigma_j \geqq 4{,}79$$

und damit

$$\exp\left(-\frac{h \cdot c}{k \cdot T} \cdot \sigma_j\right) \leqq e^{-4{,}79} = 8{,}34 \cdot 10^{-3} .$$

Daher liegt für Schwingungen oberhalb $\sigma_j = 1000\ \text{cm}^{-1}$ die Abhängigkeit der Intensitäten von der Temperatur unterhalb der Meßgenauigkeit. Auf diese Tatsache hat O. H. THEIMER [12] erstmalig hingewiesen. Für kleine Schwingungszahlen kann man

$$1 - \exp\left(\frac{-h \cdot c}{k \cdot T}\,\sigma_j\right) \approx \frac{h \cdot c}{k \cdot T}\,\sigma_j$$

setzen, so daß

$$I^*_{\text{Stokes}} \sim \frac{T}{\sigma_j}$$

wird. Antistokessche Linien sind bekanntlich schon bei $\sigma_j = 500\ \text{cm}^{-1}$ auf

$$\left[\exp\left(\frac{h\,c}{k\,T}\cdot 500\right) - 1\right]^{-1} \approx 0{,}1$$

abgefallen.

Die experimentellen Ergebnisse verschiedener Autoren zeigen jedoch gegen diese Formeln weitgehende Anomalien. Auf diese Arbeiten soll jedoch nicht mehr näher eingegangen werden. Es sei nur gesagt, daß die Art der chemischen Bindung, die Anwesenheit von Lösungsmittelmolekülen sowie zwischenmolekulare Kräfte die Temperaturabhängigkeit der Intensitäten weitgehend zu beeinflussen scheinen. Daher sind vorerst nur genaue Intensitätsmessungen bei konstanter Temperatur vergleichbar. In der oben angegebenen Form des relativen korrigierten Streukoeffizienten S ist die Konstanz der Temperatur vorausgesetzt worden.

Literatur

[1] BRANDMÜLLER, J. und MOSER, H., Z. angew. Phys. **8** (1956) 95; **8** (1956) 142; **9** (1957) 567; Einführung in die RAMAN-Spektroskopie, Darmstadt 1962.
[2] OTTING, W., Der RAMAN-Effekt und seine analytische Anwendung. Berlin-Göttingen-Heidelberg 1952.
[3] SCHUBERT, M., Exp. Techn. Phys. **6** (1958) 203.
[4] FREI, K. und GÜNTHARD, Hs. H., J.O.S.A. **51** (1961) 83.
[5] SCHRÖTTER, H. W., Z. angew. Phys. **12** (1960) 275.
[6] REA, D. G., J.O.S.A. **49** (1959) 90.
[7] HANSEN, G., Optik **6** (1950) 337; Gazetta Chimica Italiana **82** (1952) 461.
[8] SCHREIBER, G., Monatsber. DAW zu Berlin . . .
[9] BERNSTEIN, H. J. und ALLEN, G., J. O.S.A. **45** (1955) 237.
[10] BEHRINGER J., Z. Elektrochem. **62** (1958) 544.
[11] PLACZEK, G., RAYLEIGH-Streuung und RAMAN-Effekt, in Handb. d. Radiologie Bd. VI, II. Teil, Leipzig 1934.
[12] THEIMER, O. H., Acta phys. austr. **7** (1953) 216.

Diskussion

Der im Vortrag geforderte hochohmige Schreiber von mehr als 20 MgOhm Eingangswiderstand bedingt einen Gleichstrombetrieb, der den Vorteil gegenüber der Wechsellichtmethode hat, daß er ein um den Faktor 2 besseres Signalrauschverhältnis bringt. Des weiteren wurde über die Linearität einiger Sekundärelektronenvervielfacher diskutiert. Herr ROHMANN, der einen Jalousievervielfacher von EMI verwendete, bemerkte dazu, daß dieser über eine Zehnerpotenz hinaus nicht linear sei. Weitere Fragen betrafen die Abbildung der Streurohre im Spektrographen. Es wurde nochmal hervorgehoben, daß die vollkommene Abbildung nach NIELSEN und HANSEN keine optimale Abbildung ist. Nach der von Herrn SCHREIBER vorgeschlagenen Abbildung erhöht sich der Energiestrom um etwa 9%.

Für das im Vortrag aufgeworfene Problem eines Zweistrahlramanquantometers machte Dr. GEPPERT folgenden Vorschlag: Ein geteilter LITTROW-Spiegelh ätte folgenden Sinn: Ein Teil des LITTROW-Spiegels bewegt durch Drehung das Spektrum am Austrittspalt vorbei, während die zweite Hälfte feststehend die Erregerlinie auf den Austrittspalt abbildet. Die übereinander liegenden Bilder auf dem Austrittspalt könnten durch eine Wechsellichtmethode abwechselnd auf den Sekundärelektronenvervielfacher gelangen. Dazu wurde bemerkt, daß die spektrale Empfindlichkeit des Sekundärelektronenvervielfachers nicht eliminiert wird. Alle derartigen Vergleichsverfahren, bei denen in einer Wechsellichtmethode ein Vergleichsspektrum mit aufgenommen wird, würden, wie bei jeder anderen Wechsellichtmethode das Signalrauschverhältnis um den Faktor 2 verschlechtern.

Herr Dr. PAETZOLD machte die Bemerkung, daß es sehr schwierig sei, am Abhang der Erregerlinie den Untergrund einer Bande festzulegen. Hierzu wurde bemerkt, daß nur eine großere Streulichtfreiheit des Spektrographen eine Verbesserung bringen würde.

Experimentelle und theoretische Untersuchung über den Depolarisationsgrad von RAMAN-Linien

W. ROHMANN und M. SCHUBERT[1])

Physikalisches Institut der Friedrich-Schiller-Universität Jena

Die Bestimmung des Depolarisationsgrades der RAMAN-Linien ist ein wichtiges Hilfsmittel bei ihrer Zuordnung zu den einzelnen Normalschwingungen des Moleküls; insbesondere bei großen Molekülen ist sie unentbehrlich. Die Nützlichkeit der Vermessung des Depolarisationsgrades liegt darin begründet, daß dieser nur von dem Verhältnis aus Symmetrie- und Asymmetriekonstanten des Moleküls abhängt; dadurch ist eine Aussage über die Symmetrie möglich, ohne daß die Potential- und Kraftverhältnisse im einzelnen Berücksichtigung finden müssen. Entsprechend der Definition des Depolarisationsgrades muß das eingestrahlte Licht aus *einer* Winkelrichtung — üblicherweise wird dazu die Richtung senkrecht zur Streurohrachse gewählt — einfallen. Fällt ein konvergentes Bündel, also Licht unter verschiedenen Winkeln in die Probe ein, so tritt der Konvergenzfehler auf; es ist dann zwischen dem wahren (also definitionsgemäßen) Depolarisationsgrad ϱ_w und dem beobachteten Depolarisationsgrad ϱ_b zu unterscheiden. Ein gewisser Konvergenzfehler ist aus Gründen der Nachweisempfindlichkeit der Meßapparatur im allgemeinen nicht zu vermeiden. Daher erfordert die genaue Bestimmung des Depolarisationsgrades die Kenntnis des Zusammenhanges zwischen ϱ_w und ϱ_b.

RANK und KAGARISE [1] sowie BERNSTEIN und ALLEN [2] geben unter Zugrundelegung der Methode von EDSALL und WILSON [3] den linearen Zusammenhang

$$\varrho_b = \varrho_w C_1 + C_2 \tag{1}$$

an. Bei der Aufstellung dieser Beziehung wurde das in Wirklichkeit unter verschiedenen Winkeln einfallende Licht hinsichtlich seiner Wirkung durch ein paralleles Bündel ersetzt gedacht. Diese vereinfachende Annahme wurde gemacht, um nicht die Winkelverteilung der auftreffenden Strahlung in die Rechnung einführen zu müssen, da diese im allgemeinen nicht gut bekannt ist. Die Konstanten C_1 und C_2 sollen zur Depolarisationsgradbestimmung durch Eichung an Linien mit bekanntem ϱ_w ermittelt werden. In zwei früheren Arbeiten [4, 5] wurde von uns das Problem des Zusammenhanges zwischen ϱ_w und ϱ_b unter dem Aspekt behandelt, daß die Wirkung des *nicht*-parallelen Bündels voll berücksichtigt wird, und zwar wurde dabei vor allem auf kleine Öffnungswinkel eingegangen. Dabei konnte aufgezeigt werden, in welchem Zusammenhang die Konstanten C_1 und C_2 mit charakteristischen Größen der RAMAN-Lampe stehen. In diesem Vortrag folgt die Ausdehnung der Untersuchung auf große Öffnungswinkel.

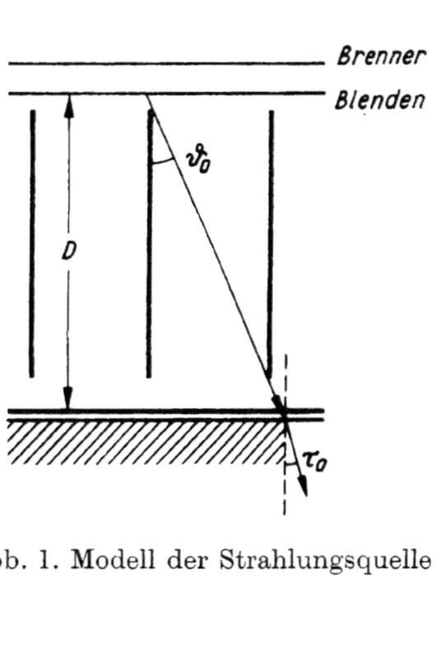

Abb. 1. Modell der Strahlungsquelle

Bei unseren Untersuchungen gehen wir von dem in Abb. 1 skizzierten Modell aus: Wir nehmen an, daß das Streurohr rotationssymmetrisch von der Strahlungsquelle im Abstand D umgeben ist. Das Streurohr ist von Blenden umgeben, wodurch ein maximaler Öffnungswinkel ϑ_0 vorgegeben wird. Jedes Flächenelement im Abstand D möge eine Strahlungs-

[1]) Vorgetragen von M. SCHUBERT.

leistung $L(\vartheta) \cdot d\vartheta$ in den Winkelbereich $(\vartheta, \vartheta + d\vartheta)$ abgeben. Mit diesem Modell können die z.Z. üblichen Anordnungen — bestehend aus einem Toronto-Brenner mit Reflektor — erfaßt werden. Strahlung, die unter dem Winkel ϑ von der Strahlungsquelle ausgeht, fällt unter dem Winkel $\tau = \arcsin\left[\frac{\sin\vartheta}{n}\right]$ in die Probe ein; dabei bedeutet n die Brechzahl der Probe.

Die weiteren Berechnungen werden für ϑ_0 durchgeführt, es ist in den Endformeln jeweils ϑ_0 durch τ_0 zu ersetzen. Die Depolarisationsgradmessung wird so vorgenommen, daß über das Streurohr eine Polarisationsfolie geschoben wird, die das Licht entweder parallel oder senkrecht zur Streurohrachse polarisiert. Aus den entsprechenden Raman-Intensitäten bei paralleler Polarisation M_p und senkrechter Polarisation M_s wird dann der beobachtete Depolarisationsgrad gebildet.

$$\varrho_b = \frac{M_p}{M_s}. \tag{2}$$

Bei diesem Modell wird der Einfachheit halber der Einfluß paralleler Zwischenschichten (Filterung — Kühlung, Streurohrwand) weggelassen; desgleichen der Einfluß der Strahlung, die windschief oder quer zur Streurohrachse auftrifft. Es werden ideale Polarisationsfolien angenommen. Von der Strahlungsquelle kann ohne Einschränkung der Allgemeinheit angenommen werden, daß sie eine symmetrische Charakteristik hat, also $L(\vartheta) = L(-\vartheta)$ ist. Da winkelunabhängige Faktoren im folgenden nicht interessieren, normieren wir die Funktion $L(\vartheta)$ auf $L(\vartheta = 0) = 1$.

Mit den genannten Voraussetzungen ergibt sich für den beobachteten Depolarisationsgrad

$$\varrho_b = \varrho_w (1 - q) + q\,, \quad \text{mit} \quad q = \frac{\int\limits_0^{\vartheta_0} d\vartheta \sin^2\vartheta \cdot L(\vartheta)\,(1 - \operatorname{tg}\vartheta/\operatorname{tg}\vartheta_0)}{\int\limits_0^{\vartheta_0} d\vartheta\, L(\vartheta)\,(1 - \operatorname{tg}\vartheta/\operatorname{tg}\vartheta_0)}. \tag{3}$$

Dabei ist ϱ_w der wahre Depolarisationsgrad $6/(\alpha^2/\beta^2 + 7)$, der von dem Verhältnis aus Symmetrie- und Asymmetriekonstante abhängt. Gl. (3) zeigt an, daß sich auch bei Berücksichtigung eines nichtparallelen Bündels ein linearer Zusammenhang zwischen den Konstanten C_1 und C_2 (siehe Gl. (1)) ergibt. C_2 verhält sich zu C_1 wie q zu $(1 - q)$. Bei bekanntem $L(\vartheta)$ kann man eine Aussage für q gewinnen.

Unter relativ einfachen Annahmen lassen sich Aussagen über die Korrektionsgröße q bei kleinem ϑ_0 machen. Nimmt man nämlich an, daß $L(\vartheta)$ als physikalisch sinnvolle Strahlungsleistung in eine Potenzreihe nach ϑ entwickelbar ist, so ergibt sich

$$q = \frac{\vartheta_0^2}{6} + \frac{\vartheta_0^4}{180}(7\,a_2 + 1) + \vartheta_0^6 \ldots. \tag{4}$$

Dabei ist a_2 der Koeffizient des quadratischen Gliedes in einer Entwicklung von L nach ϑ. Man erkennt, daß das erste nichtverschwindende Glied in einer Entwicklung von q nach ϑ nicht von der Lampencharakteristik abhängt. Der spezielle Verlauf der Lampencharakteristik wird erst in einem Glied 4. Ordnung spürbar. Für kleine ϑ_0 bedeutet das, daß der Konvergenzfehler nicht vom speziellen Verlauf der Lampencharakteristik abhängt. Um zu einer quantitativen Abschätzung dieses Sachverhaltes zu kommen, wird für $L(\vartheta)$ eine für viele Strahlungsquellen mindestens angenähert zutreffende Winkelabhängigkeit angenommen, es wird $L(\vartheta) = \cos\vartheta$ gesetzt. Dabei ist $a_2 = -\frac{1}{2}$. Das bedeutet, daß bis zu einem Winkel $\vartheta_0 = 45°$ das Glied 4. Ordnung mit weniger als 5% in q eingeht. Dieser Sachverhalt wurde experimentell geprüft und bestätigt gefunden, wie in [5] näher erläutert wird (s. dazu Abb. 2).

Es ist schwieriger, allgemeingültige Aussagen für große ϑ_0 zu erhalten. Nach den oben entwickelten Modellvorstellungen sollte der in Gl. (3) dargestellte lineare Zusammenhang zwischen ϱ_w und ϱ_b bestehen bleiben. Zur Bestimmung von q muß aber jetzt der gesamte

Verlauf von $L(\vartheta)$ bekannt sein. Welche Zahlenwerte für q bei großem ϑ_0 zu erwarten sind, schätzen wir mit der Funktion $L(\vartheta) = \cos\vartheta$ ab. Es ergibt sich

$$q = \frac{1}{3}\,\frac{\sin\vartheta_0 - 2\,(1 - \cos\vartheta_0)/\mathrm{tg}\,\vartheta_0}{\sin\vartheta_0 - (1 - \cos\vartheta_0)/\mathrm{tg}\,\vartheta_0}. \tag{5}$$

Eine graphische Darstellung ist aus Abb. 3 ersichtlich. Der Wert 0,33 bei $\vartheta_0 = 90°$ kann nur als roher Anhaltspunkt gelten. Es ergibt sich bspw. eine Modifikation durch Benutzung des Wertes τ_0 anstelle von ϑ_0. Insgesamt ist damit zu erwarten, daß der q-Wert unter 0,33 liegt.

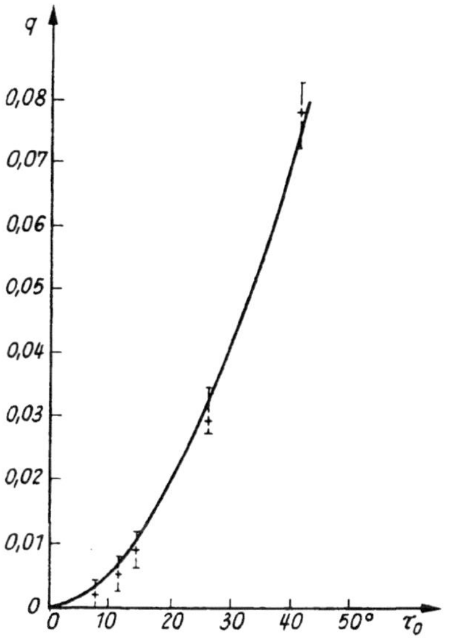

Abb. 2. Experimentelle Bestimmung von q für kleine ϑ_0

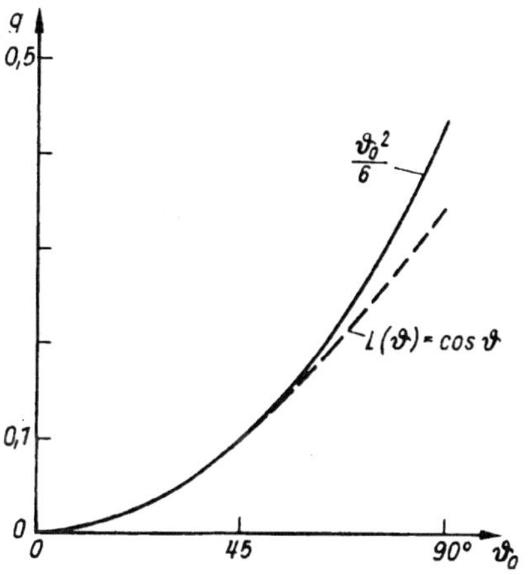

Abb. 3. q für $L(\vartheta) = \cos\vartheta$

Zur experimentellen Untersuchung wurden bei großem ϑ_0 in der Weise, wie man bei dem Eichverfahren vorzugehen hat, die Korrektionskonstanten C_1 und C_2 bestimmt. Die Messungen wurden an Tetrachlorkohlenstoff an den Linien 217 cm^{-1}, 314 cm^{-1} und 459 cm^{-1} vorgenommen. Die spektrale Spaltbreite betrug 10 cm^{-1}. Die Ergebnisse sind aus der nachfolgenden Tabelle ersichtlich. Es ist dort für 3 verschiedene Lampenanordnungen jeweils C_1 und $C_1 + C_2$ angegeben. Dabei wurde unterschieden, ob die Intensitäten M_p, M_s als Integral- oder Maximalwerte gewonnen wurden.

	Integralintensität		Maximalintensität	
	C_2	$C_1 + C_2$	C_2	$C_1 + C_2$
I Doppelhohlzylinderlampe	0,21	1,06	0,29	1,056
II Toronto-Brenner ohne Blenden	0,22	1,04	0,29	1,03
III Toronto-Brenner mit Blenden	0,17	0,997	0,20	0,994

Die zugehörigen Spektren sind in den Abbildungen 4, 5 und 6 angegeben. Man kann sagen, daß das oben eingeführte Modell zur Erklärung der gemessenen Werte ausreicht. C_2 wird in allen Fällen $< 0{,}33$ gefunden, $C_1 + C_2$ liegt in der Nähe von 1. Selbst bei experimentellen Bedingungen, wo ϑ_0 nahe 90° ist, ergeben sich für die Summe nur Abweichungen von einigen Prozenten. Im Falle des Toronto-Brenners mit Blenden ist die Summe innerhalb der Meßgenauigkeit gleich 1. Die Abweichung von dem in Gl. (3) vorgegebenen idealen Verhalten sind wohl auf die genannten Vernachlässigungen in der verwendeten Modellvorstellung zurückzuführen. Bemerkenswert ist, daß sich für $q = C_2$ deutlich verschiedene Werte ergeben, wenn man einmal den Integralwert, zum anderen den Maximalwert heranzieht, während unter gleichen Bedingungen die Summe $C_1 + C_2$ nahezu unabhängig davon ist. Man hat also bei den praktischen Messungen jeweils bei ein- und derselben Lampe und bei gleichem ϑ_0 verschiedene Korrekturfaktoren für Integral- und Maximalintensitäten zu verwenden. Das liegt

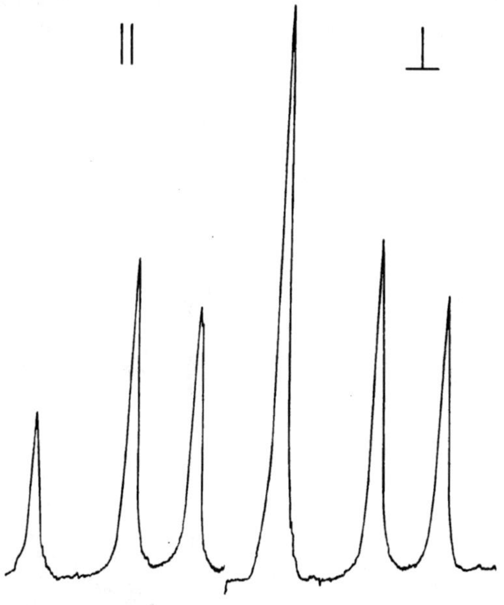

Abb. 4. Spektren zu Fall I

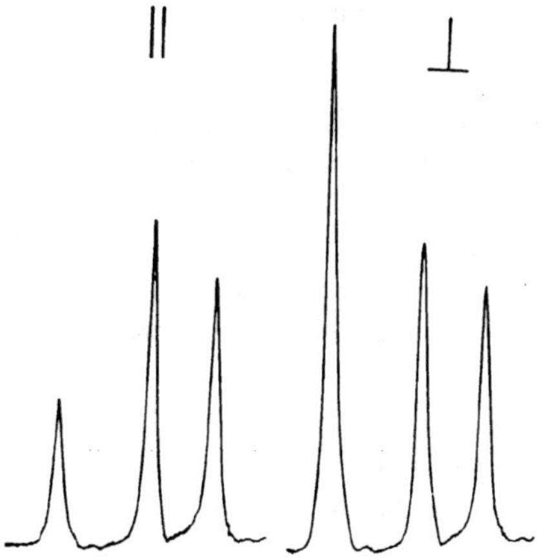

Abb. 5. Spektren zu Fall II

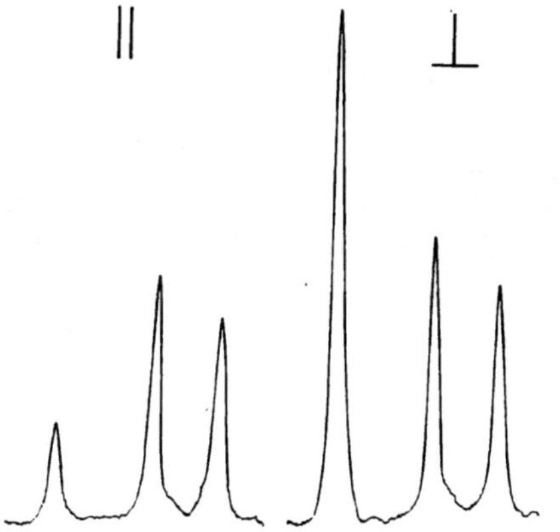

Abb. 6. Spektren zu Fall III

daran, daß die Polarisation in den einzelnen Abschnitten der Linienkontur unterschiedlich ist. Einen Einfluß übt hier u. a. die verwendete spektrale Spaltbreite sowie das evtl. Vorhandensein von Isotopen aus.

Die Korrektionsgröße C_2 bzw. q hat einen wesentlichen Einfluß darauf, wie genau ϱ_w bestimmt werden kann. Aus der Gl. (3) ergibt sich

$$\frac{\Delta \varrho_w}{\varrho_w} = \frac{\Delta \varrho_b}{\varrho_b}\left(1 + \frac{q}{\varrho_w(1 - q)}\right). \tag{6}$$

Das heißt, der relative Fehler des wahren Depolarisationsgrades ist größer oder gleich dem relativen Fehler des beobachteten Depolarisationsgrades. Das Gleichheitszeichen gilt für

$q = 0$. Die Differenz der beiden relativen Fehler steigt mit q an. Man sieht, daß man zur Erreichung kleiner relativer Fehler eine kleine Korrektionsgröße q benötigt. So ist bspw. bei Depolarisationsmessungen unter Verwendung von Integralintensitäten der relative Fehler des wahren Depolarisationsgrades kleiner als der bei der Verwendung von maximalen Intensitäten.

Zum Schluß sei die Fehleranalyse bei einer praktischen Messung beschrieben. Es handelt sich um die Depolarisationsgradbestimmung bei RAMAN-Linien, die einer C=C- und C≡C-Bindung bei hochatomigen Kohlenwasserstoffen zugeordnet werden. Messungen am Stilben (1620 cm^{-1}) und Tolan (2220 cm^{-1}) unter den Bedingungen III der vorstehenden Tabelle (Auswertung nach Maximalintensitäten) ergab in beiden Fällen $\varrho_b = 0{,}57$, $\Delta\varrho = \pm 0{,}04$. Daraus bestimmt sich ϱ_w zu 0,46, der Betrag des relativen Fehlers von ϱ_w nach Gl. (6) zu 11,6%. $\Delta\varrho_b$ enthält sowohl den Fehler, der bei der Intensitätsvermessung beider Linien auftritt, als auch denjenigen Fehler, der beim Wechsel von Polarisationsfolie und Streurohr entsteht.

Literatur

[1] RANK, D. H. und KAGARISE, R. E., J.O.S.A. **40** (1950) 89.

[2] BERNSTEIN, H. J. und ALLEN, G., J.O.S.A. **45** (1955) 237.

[3] EDSALL, J. T. und WILSON jr., E. B., Journ. Chem. Phys. **6** (1938) 124.

[4] SCHUBERT, M., Exp. Techn. Phys. **8** (1960) 155.

[5] ROHMANN, W. und SCHUBERT, M., Tagungsband Optik und Spektroskopie aller Wellenlängen. Akademie-Verlag, Berlin 1962.

Diskussion

Herr Dr. KRIEGSMANN stellte die Frage nach der Genauigkeit der RAMAN-Intensitätsmessungen. Herr Dr. SCHUBERT gab für die Einzelmessungen bei starken Linien einen Fehler von 4% an. Für die Messung des Depolarisationsgrades folgt daraus ein Fehler von 7,5%. Bei schwachen Banden wurde ein Fehler für die Einzellinie von etwa 8% angegeben.

Als zweiter Diskussionspunkt wurde über den Einfluß der Apparatepolarisation auf die Messung des Depolarisationsgrades gesprochen. Herr Dr. SCHUBERT führte zu diesem Thema aus, daß bei einer rotationssymmetrischen Anordnung der Brenner um das Streurohr dieser Einfluß bei der Quotientenbildung herausfällt. In diesem Zusammenhang führte Herr Dr. KRIEGSMANN noch aus, daß bei einem internationalen Vergleich von Intensitätswerten die Apparatepolarisation nicht eingerechnet wurde, daß aber trotzdem eine befriedigende Übereinstimmung der unkorrigierten Intensitätswerte erreicht wurde.

Normalkoordinatenanalyse und Intensitäten

E. STEGER

Institut für Spezielle analytische Chemie der Technischen Universität Dresden

Die Intensität einer Infrarotabsorption bei ν_i ist gegeben durch

$$A_i = \int_0^\infty k\, d\nu = d_i \cdot \frac{8\,\pi^3\, N\, \nu_i}{3\, h\, c}\,([M_i]^{0\leftrightarrow 1})^2 \qquad (1)$$

(vgl. [1], S. 165). Die Übergangsmomente $[M_i]$ entsprechen Dipolmomenten in der klassischen Betrachtungsweise (vgl. [2], S. 239). Dann ist die Absorptionsintensität

$$A_i \approx \frac{\partial M}{\partial q_i}, \qquad (2)$$

d. h. der Änderung des Dipolmoments mit der Normalkoordinate der Schwingung proportional. (Genauer gesagt geht, weil $\partial M/\partial q_i$ nicht konstant über die Amplitude zu sein braucht, $(\partial M/\partial q_i)_0$, d. h. für die Umgebung der Gleichgewichtslage ein.)

Bei der vergleichenden Diskussion intensitätsspektroskopischer Meßergebnisse an Substanzreihen darf man nicht aus dem Auge verlieren, daß außer den variierten Bindungs- und Strukturverhältnissen, die über die Dipolmomentseigenschaften in die Intensität eingehen, diese nach Gl. (2) im gleichen Ausmaße auch von der Normalkoordinate, also der speziellen Schwingungsform bestimmt wird.

So ist eine Arbeit aus dem Institut für Optik und Spektroskopie der Deutschen Akademie der Wissenschaften zu Berlin erschienen, wo Karbonylbandenintensitäten von Estern verglichen wurden [3]. Der Meßwert für den Ameisensäureäthylester veranlaßt dabei eine besondere Diskussion, daß etwa ,,infolge der Kleinheit des H-Atoms wahrscheinlich zusätzliche elektrostatische Anziehungskräfte auftreten.'' Der Leser fragt sich, ob nicht vielmehr an der Schwingungsform sich etwas geändert haben könnte, wenn von Gruppierungen (I)

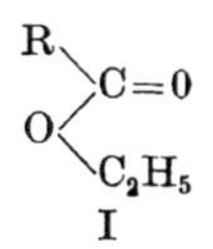

I

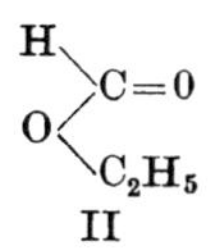

II

zu (II) übergegangen wird, wo die relativ hochfrequente CH-Deformation bestimmt stark mit der C=O-Valenzschwingung gekoppelt ist. Der Vergleich von Intensitätswerten verschiedener Molekeln ist also nur möglich, wo man einer genügenden Übereinstimmung in der Form der betrachteten Normalschwingung sicher sein kann.

Letzte Sicherheit in dieser Frage gibt erst die Normalkoordinatenanalyse, deren Ergebnisse es dann auch gestatten, eine noch weitergehende Auswertung von Intensitätsmeßwerten mit der Berechnung von Bindungsmomenten und -momentänderungen vorzunehmen. An einem Beispiel sollen die für diesen Schritt erforderlichen Rechnungen und Überlegungen vorgeführt werden.

Dabei kann für gröbere, orientierende Betrachtungen auf eine genaue Ermittlung von $\int k\, d\nu$ verzichtet werden. Für das Anion eines anorganischen Salzes z. B., wo nur das ungeeignete Lösungsmittel Wasser existiert, wo auch für die tieferen Frequenzen bereits mit Fehlern durch die induzierte Emission zu rechenn ist [4], wäre das nicht durchführbar. Nach Infrarotspektren des festen Salzes Na_3PO_3S wurden, weil für das Thiophosphatanion eine genaue Normalkoordinatenanalyse vorliegt [5], die Intensitäten geschätzt (vgl. Abb. 1, Tab. 1)

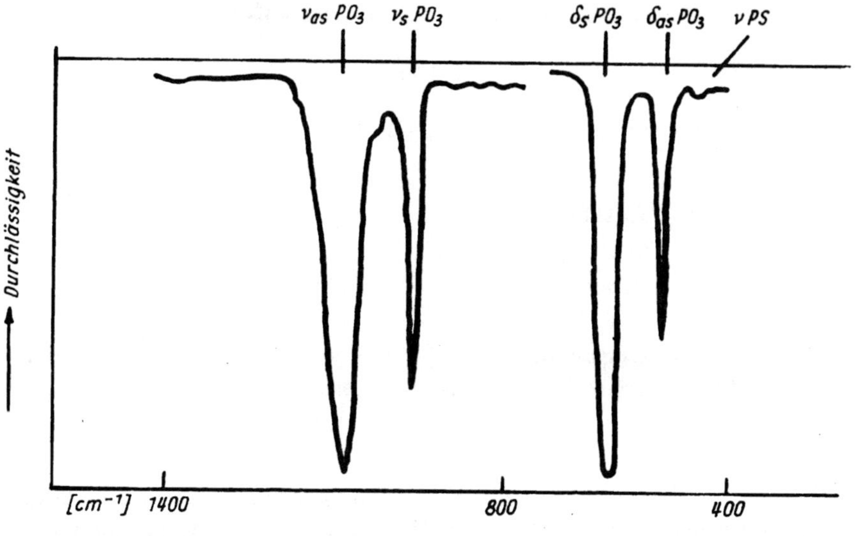

Abb. 1. Infrarotspektren von Na_3PO_3S, aufgenommen im festen Zustand gepreßt mit KBr am Infrarotspektralphotometer UR 10

TABELLE 1

Relative Intensitäten geschätzt

cm⁻¹	A_i	cm⁻¹	A_i
438	1	(367)	in IR nicht beobachtbar
611	60	515	10
960	20	1038	120

Gefunden worden waren für $[PO_3S]^{3-}$ die Normalkoordinaten der Tab. 2. (In [5] sind einige Koeffizienten mit falschen Vorzeichen angegeben worden.)

TABELLE 2

Normalkoordinaten des Thiophosphations

a_1		s_1	s_2	s_3	e		s_5	s_6	s_7
q_n	$\tilde{\nu}$ [cm⁻¹]	ν PS	ν_s PO₃	δ_s PO₃	q_n	$\tilde{\nu}$ [cm⁻¹]	ν_{as} PO₃	δ_{as} PO₃	ϱ PO₃
q_3	438	1,000	0,042	0,355	q_4	1038	1,000	0,116	−0,068
q_1	960	−0,425	1,000	0,758	q_5	515	−0,795	1,000	0,000
q_2	611	−0,406	−0,210	1,000	q_6	367	0,507	0,060	1,000

Dabei sind die Normalkoordinaten mit den in Tab. 3 definierten Symmetriekoordinaten dargestellt.

TABELLE 3

Symmetriekoordinaten dargestellt durch innere Koordinaten

$$r_1 = \Delta PS, \quad r_{2...4} = \Delta PO, \quad r_{5...7} = 1/R_{PO}\,\Delta\beta; \quad \beta \equiv \sphericalangle\, OPO\,,$$

$$r_{5...8} = 1/\sqrt{R_{PO}\cdot R_{PS}}\,\Delta\gamma; \quad \gamma = \sphericalangle\, OPS$$

$$s_1 = \nu\, PS = \Delta PS = r_1$$

$$s_2 = \nu_s\, PO_3 = \sqrt{1/3}\,(r_2 + r_3 + r_4)$$

$$s_3 = \delta_s\, PO_3 = \sqrt{1/3}\,(r_5 + r_6 + r_7)$$

$$s_4 = \delta_s\, PO_3 = \sqrt{1/3}\,(r_8 + r_9 + r_{10})$$

$$s_3 \cdot \sin\beta = s_4 \cdot 3 \sin\gamma \cos\gamma$$

für Tetraederwinkel $s_3 = -\,s_4$

$$s_{5a} = \nu_{as}\, PO_3 = \sqrt{2/3}\,(r_2 - \tfrac{1}{2} r_3 - \tfrac{1}{2} r_4)$$

$$s_{6a} = \delta_{as}\, PO_3 = \sqrt{2/3}\,(r_5 - \tfrac{1}{2} r_6 - \tfrac{1}{2} r_7)$$

$$s_{7a} = \varrho\; PO_3 = \sqrt{2/3}\,(r_8 - \tfrac{1}{2} r_9 - \tfrac{1}{2} r_{10})$$

$$s_{5b} = \nu_{as}\, PO_3 = \sqrt{1/2}\,(r_3 - r_4)$$

$$s_{6b} = \delta_{as}\, PO_3 = \sqrt{1/2}\,(r_6 - r_7)$$

$$s_{7b} = \varrho\; PO_3 = \sqrt{1/2}\,(r_9 - r_{10})$$

Von den in Tab. 2 enthaltenen Ergebnissen der Normalkoordinatenanalyse wird für die weitere Rechnung die Umkehrung benötigt, d. h. Ausdruck der Symmetriekoordinaten $s_{1...3}$ und $s_{5...7}$ als Linearkombinationen der q_i. In der Literatur wird die Tab. 2 als L-Matrix (Definition $q = L \cdot s$) bezeichnet, von der L^{-1} nach Regeln der Matrizenrechnung gebildet werden kann.

TABELLE 4

Transformation der Normalkoordinaten auf Symmetriekoordinaten (Matrix L^{-1})

Rasse a_1

	q_3 (438)	q_1 (960)	q_2 (611)
s_1	0,865	−0,369	−0,241
s_2	0,088	0,370	0,854
s_3	−0,678	0,144	0,760

Rasse e

	q_5 (1038)	q_6 (515)	q_7 (367)
s_5	0,885	−0,106	+0,060
s_6	0,704	−0,491	0,916
s_7	0,048	−0,001	0,967

Die Beziehung zwischen der Infrarotabsorptionsintensität und der Momentänderung ist (vgl. [1] und [2])

$$\frac{I_i}{d_i} = \frac{N\cdot\pi}{3\,c^2}\left(\frac{\partial P}{\partial q_i}\right)^2, \tag{3}$$

I_i absolute Infrarotabsorptionsintensität der Bande i,
d_i Entartungsgrad der Schwingung von i,
N, π, c üblicherweise so bezeichnete Konstanten,
P elektrisches Dipolmoment der Molekel,
q_i Normalkoordinate i,

$$\frac{\partial P}{\partial q_i} \approx \pm\sqrt{\left(\frac{I}{d}\right)_i} \quad \text{in willkürlichen Einheiten.} \tag{4}$$

$\frac{\partial P}{\partial q_i}$ erscheint als Quadratwurzelwert mit zweifachem Vorzeichen. Dessen richtige Wahl bereitet Schwierigkeiten. Allgemein vorgehend, müßte man sämtliche Zeichenkombinationen an den Meßwerten durchprobieren und am Schluß diejenigen streichen, die unsinnige Ergebnisse liefern, wenn man nicht mit Hilfe der Intensitäten einer isotop substituiertenVerbindung eine Entscheidung herbeiführen kann.

Die Vorzeichen der $\partial P/\partial q_i$ wurden hier nach der Anschauung bestimmt, unter der selbstverständlichen Voraussetzung, daß die O- und S-Atome in $[PO_3S]^{3-}$ negativen Charakter haben. Eine Richtung von (—) nach (+) erhält das positive Vorzeichen. Seltsamerweise ist auch die umgekehrte Vorzeichenfestsetzung von gewissen Intensitätsspektroskopikern gebraucht worden, z. B. [6]. Tab. 5 führt die so festgesetzten $\partial P/\partial q_i$ an, dabei bleibt das Vorzeichen von $\frac{\partial p^z}{\partial q_1}$ und von $\frac{\partial p^z}{\partial q_5}$ ungewiß.

TABELLE 5

$\partial P/\partial q_i$	in willkürlichen Einheiten
q_1 (960)	$\pm 4{,}47$
q_2 (611)	$-7{,}75$
q_3 (438)	-1
q_4 (1038)	$-7{,}75$
q_5 (515)	$\pm 2{,}24$

Die totalsymmetrischen Schwingungen sind nur von Übergangsmomenten in der Z-Richtung begleitet ($Z \equiv C_3$ der Molekel), die Intensität der e-Absorption halbiert sich für die Komponenten der X- und der Y-Richtung. Man benötigt also die nach den 3 Raumrichtungen resolvierten Beiträge der Bindungsmomentänderungen

$$\frac{\partial p^x}{\partial s_i}, \quad \frac{\partial p^y}{\partial s_i} \quad \text{und} \quad \frac{\partial p^z}{\partial s_i}.$$

diese $\frac{\partial p^{x,y,z}}{\partial s_i}$ setzen sich zusammen aus den $\frac{\partial \mu^{X,Y,Z}}{\partial r}$ wie s_i aus den r_k.

Für Deformationskoordinaten entsteht $\frac{\partial \mu}{\partial r}$ durch Drehung eines permanenten Bindungsmomentes (vgl. Abb. 2).

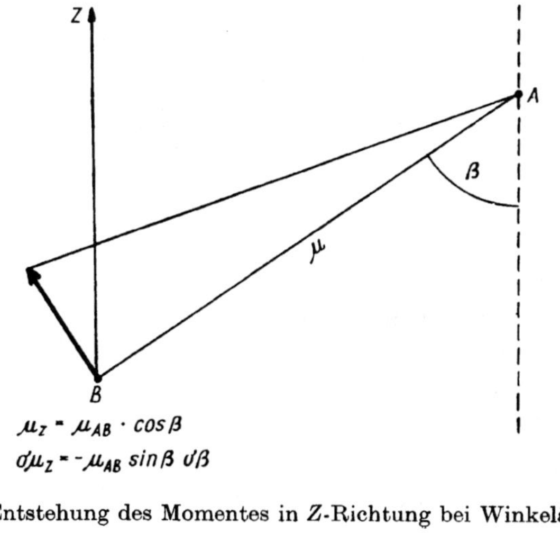

Abb. 2. Entstehung des Momentes in Z-Richtung bei Winkeländerung

Man erhält

$$\left.\begin{aligned} \frac{\partial p^z}{\partial S_1} &= -\frac{\partial \mu^z}{\partial r} = -\frac{\partial \mu\, PS}{\partial r}\,, \\ \frac{\partial p^z}{\partial S_2} &= +\ 1/3\sqrt{3}\cdot\frac{\partial \mu PO}{\partial r}\,, \\ \frac{\partial p^z}{\partial S_3} &= -\ 2/3\sqrt{6}\,\mu\ PO\ , \\ \frac{\partial p^x}{\partial S_{5a}} &= +\ 2/3\sqrt{3}\,\frac{\partial \mu\ PO}{\partial r} \end{aligned}\right\} \qquad (5)$$

usw.

Die $\frac{\partial p^z}{\partial s_i}$ mit Hilfe der Transformation $\frac{\partial p}{\partial s_i} = \sum_j (L^{-1})_{ij} \frac{\partial P}{\partial q_j}$ aus den $\frac{\partial P}{\partial q_i}$ (Tab. 5) berechnet ergeben die Werte der Tab. 6.

TABELLE 6

	$\frac{\partial p^z}{\partial s_i}$	in willkürl. Einheiten	
s_1	(ν PS)	+2,65 oder	−0,65
s_2	(ν_s PO_3)	−5,08	−7,38
s_3	(δ_s PO_3)	+0,73	−0,55
s_5	(ν_{as} PO_3)	−7,02	−6,58

Daß nach (5) $\partial p^x/S_2 = 1/2\ \partial p^z/S_5$ sein sollte, kommt nicht heraus.

Wegen der nur grob abschätzenden Natur der Ausgangsdaten, der Vorzeichenmehrdeutigkeiten und dem vollkommenen Mangel an Abstands- und Winkeldaten für das betrachtete Ion muß von einer weiteren numerischen Auswertung abgesehen werden. Die Möglichkeiten und Probleme einer Auswertung von Intensitätsdaten im Sinne einer Bindungsmoment-Theorie dürften mit dem Beispiel ausreichend beleuchtet worden sein.

Die Normalkoordinatenberechnung, die also beim Vergleich von Intensitätenwerten verschiedener Moleküle wünschenswert und bei struktur-theoretischen Auswertungen unbedingte Voraussetzung ist, wird heute durch wirkungsvolle analytische Methoden (Wilson, Eliashewisch) und durch den Einsatz elektronischer Rechenmaschinen einigermaßen erleichtert. Programmierungsarbeiten für den Rechenautomaten ZRA 1 sind noch nicht abgeschlossen. Sie wären es, wenn sich die begrenzte Rechengenauigkeit mit den primär verfügbaren 9 Stellen nicht als schwerwiegendes Hindernis für das Funktionieren des Programmes bei großen Molekülen herausgestellt hätte. Durch die Einführung eines Zusatzprogrammes zur Rechnung mit der doppelten Stellenzahl in dem kritischen Abschnitt der Bildung des charakteristischen Polynoms wird dieses Versagen behoben werden. Wenn die Probleme der Normalkoordinatenanalyse gelöst wären, dürfte man hoffen, daß damit die Intensitätsspektroskopie noch zusätzliche Reize erhält.

Literatur

[1] Wilson jr., E. B., Decius, J. C., Cross, P. C., Molecular Vibrations Mc. Graw-Hill Publishing Company Ltd., London 1955.
[2] Herzberg, G., Molecular Spectra and Molecular Structure, Van Nostrand Company, Inc., New York 1947.
[3] Gutjahr, L., Spectrochim. Acta (London) **16** (1960) 1209.
[4] Crawford, B., J. chem. Physics **29** (1958) 1042.
[5] Steger, E. und Martin, K., Z. anorg. allg. Chem. **308** (1961) 330.
[6] Spedding, H. und Whiffen, D. H., Proc. Royal. Soc. (London) Ser. A, **238** (1956) 245.
[7] Evans, J. C., Anal. Chem. **36** (1964) 243 R.

Diskussion

An diesen Vortrag schloß sich lediglich eine Diskussion über die Genauigkeit des Zeiss-Rechenautomaten ZRA 1 an.

Anmerkung bei der Korrektur: Seit diesem Vortrag ist die Auswertung der Intensitätsdaten nach einer Bindungsmoment-Theorie Gegenstand mehrerer Arbeiten in der Literatur gewesen. Schwierigkeiten, wie die in Anschluß an Tabelle 6 angedeuteten, scheinen ziemlich danach allgemein zu sein. Zusammenfassung bei [7].

Über die Möglichkeit der Verwendung statistischer Modelle zur Berechnung der Intensitäten bei Schwingungsspektren

M. Schubert und B. Wilhelmi[1])

Physikalisches Institut der Friedrich-Schiller-Universität Jena

1. Experimentelle Bestimmung der Übergangsmomente

Die Intensität einer ultraroten Schwingungsabsorptionsbande, d. h. der integrale Absorptionskoeffizient, ist dem Quadrat des Übergangselementes

$$M_{vv'} = \int d\tau_k\, \psi_v^*(\mathfrak{R})\, \mathfrak{M}(\mathfrak{R})\, \psi_{v'}(\mathfrak{R})$$

proportional.

Dabei sind ψ_v, $\psi_{v'}$ die Schwingungseigenfunktionen mit den Quantenzahlen v, v', $\mathfrak{R}$ steht für die Ortsvektoren der Kerne. Die Integration erfolgt über alle Kernkoordinaten. $\mathfrak{M}(\mathfrak{R})$ ist das Dipolmoment des Moleküls. Man gewinnt es aus der Gleichung

$$\mathfrak{M}(\mathfrak{R}) = \int d\tau_e\, \psi_e^*(\mathfrak{r}, \mathfrak{R})\, (-e\,\mathfrak{r})\, \psi_e(\mathfrak{r}, \mathfrak{R}) + \sum_j e\, Z_j\, R_j$$

(ψ_e Elektroneneigenfunktion des Moleküls, $\mathfrak{r}$ Ortsvektor der Elektronen, Z_j Kernladungszahl). Über die Elektronenkoordinaten wird integriert. Das Dipolmoment ist noch eine Funktion der Kernlagen.

Außer den Ultrarotintensitäten hängen folgende physikalische Größen von den Elementen $M_{vv'}$ ab. Einmal gilt für die Dispersion im Bereich der ultrarotaktiven Grundschwingungen

$$\frac{n^2-1}{n^2+2} \sim \sum_k \frac{(M_{01}^k)^2}{\nu_k^2 - \nu^2}$$

(ν_k, M_{01}^k Wellenzahl bzw. Übergangsmoment der Bande $0 \to 1$ der k-ten Normalschwingung, n Brechungsindex).

Zum anderen liefert der Stark-Effekt im Mikrowellenbereich sehr genaue Werte für die Matrixelemente M_{vv}. Dort untersucht man die Änderung der Rotationsenergieniveaus durch die Wirkung eines äußeren elektrischen Feldes auf die molekularen Dipole. Aus der Lage der Rotationslinien kann man direkt das Dipolmoment der Moleküle bestimmen. Dabei unterscheiden sich die Dipolmomente von Molekülen, die sich in verschiedenen Schwingungszuständen v befinden. Man mißt also die verschiedenen Diagonalmatrixelemente M_{vv}.

2. Theoretische Bestimmung der Übergangsmomente

Um die verschiedenen experimentellen Werte vergleichen zu können, bzw. um theoretische Aussagen zu machen, ist es notwendig, die Matrixelemente auszurechnen. Die auftretenden Eigenfunktionen lassen sich relativ leicht bestimmen, wenn man einen einfachen Potentialansatz macht (z. B. Parabelpotential oder Morse-Potential). Selbst einer näherungsweisen Berechnung von $\mathfrak{M}(\mathfrak{R})$ stehen dagegen große Schwierigkeiten im Wege, weil man dazu die Elektroneneigenfunktionen ψ_e, bzw. die Elektronendichte sehr genau kennen muß. Aus diesem Grunde versucht man $\mathfrak{M}(\mathfrak{R})$ halbempirisch zu gewinnen, also theoretisch gewonnene Ansätze an einige experimentelle Werte anzugleichen [1]. Gray und Pritchard [2] haben das Dipolmoment des einfachen Moleküls HeH^{2+} als Funktion des Kernabstandes exakt berechnet. Den qualitativen Verlauf dieser Funktion versuchten sie auf andere zweiatomige Moleküle zu

[1]) Vorgetragen von B. Wilhelmi.

übertragen (s. Abb. 1). Natürlich kann die Funktion $\mathfrak{M}(\mathfrak{R})$ noch verschieden relativ zur Kurve der potentiellen Energie liegen, wie es die Modelle I—III zeigen. Tatsächlich werden bei manchen Molekülen die Dipolmomente bei Schwingungsanregung kleiner (LiF, KBr), bei manchen größer (KF, CsF).

In der Arbeitsgruppe für Optische Spektroskopie des Physikalischen Instituts wird versucht, die Funktion $\mathfrak{M}(\mathfrak{R})$ mit einem quantenmechanischen Näherungsverfahren zu berechnen. Dabei wird wegen der Ungenauigkeit solcher Näherungsverfahren auf jeden Fall eine Anpassung an einige experimentelle Werte notwendig sein. Bisher wurden die Verfahren der sog. Statistischen Theorie auf ihre Brauchbarkeit hin untersucht [3].

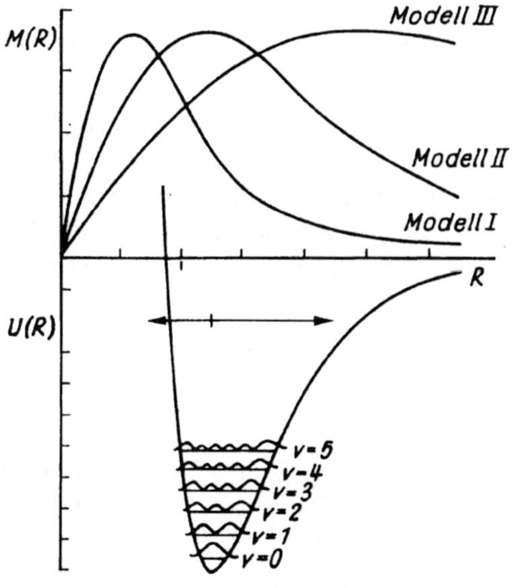

Abb. 1. Dipolmoment und Potential eines zweiatomigen Moleküls in Abhängigkeit vom Kernabstand

Die Statistische Theorie ist ein spezielles quantenmechanisches Näherungsverfahren. Es wurde von THOMAS, FERMI, DIRAC und GOMBÁS zur Behandlung von Vielteilchenproblemen entwickelt. Die Statistische Theorie wurde besonders zur Berechnung von Atomeigenschaften — wie Polarisierbarkeit, Suszeptibilität, Atomfaktoren — herangezogen. Außerdem sind Arbeiten bekannt, die sich mit der Bestimmung von Molekülbindungsenergien sowie mit der Berechnung von Dipol- und Bindungsmomenten befassen [4]. Danach schien die Statistische Theorie für unsere Zwecke geeignet zu sein. Bei der Durchführung von numerischen Rechnungen ergaben sich jedoch widerspruchsvolle Ergebnisse. Darum wurde allgemein untersucht, ob die Statistische Theorie ausreicht, Dipolmomente befriedigend zu erklären. Dazu war es zunächst notwendig, die Grundgleichungen und Randbedingungen für ein allgemeines Molekül herzuleiten, um von Näherungen innerhalb der Statistischen Theorie unabhängig zu sein.

Die Grundidee der Statistischen Theorie ist folgende. Man behandelt die Elektronen als FERMI-Gas im Feld der Kerne. Nun sucht man diejenige Dichteverteilung $\varrho(\mathfrak{r})$, die die Energie zu einem Minimum macht. Die Energie setzt sich erstens aus der potentiellen Energie der Elektronen im Feld der Kerne und der gegenseitigen potentiellen Energie der Elektronen zusammen, zweitens aus der kinetischen Energie. Sie resultiert aus der Gültigkeit des PAULIschen Besetzungsverbotes. Auch am absoluten Nullpunkt der Temperatur können nicht alle Elektronen die kinetische Energie Null haben, sondern müssen den Impulsraum bis zu einer bestimmten Höhe auffüllen. Mit diesen beiden Termen entwickelten THOMAS und FERMI die Statistische Theorie. DIRAC führte die Austauschenergie ein. Sie trägt der Tatsache Rechnung, daß sich Elektronen mit parallelem Spin ausweichen, weil in einer Phasenraumzelle der Größe h^3 nur ein Elektron einer Spinrichtung Platz hat. GOMBÁS nahm die Korrelation hinzu, die auch das Ausweichen der Elektronen mit antiparallelem Spin berücksichtigt. Die Energie ergibt sich durch Integration über die Energiedichten in dem Gebiet B, in dem $\varrho \neq 0$ ist. Variiert wird nach $\varrho(\mathfrak{r})$ und nach der Begrenzung des Gebietes B bei konstanter Elektronenzahl. Dieses Verfahren hat GOMBÁS auf Atome und Ionen angewendet. Weil dabei Kugelsymmetrie vorausgesetzt werden konnte, ließ sich die Variation der Begrenzung des Gebietes B auf die Festlegung eines optimalen Kugelradius zurückführen. Für Moleküle mußte dagegen ein funktionaler Zusammenhang gefunden werden, der die optimale Berandungsfläche des Gebietes B festlegt. Da die Rechnungen dadurch recht weitläufig sind, sollen hier nur die Ergebnisse mitgeteilt und diskutiert werden. Durch gleichzeitige Variation nach der Dichte und der Berandungsfläche erhielten wir folgende Gleichungen

$$[V_0(\mathfrak{r}) - \bar{V}]\, e - \frac{5}{3} \varkappa_k\, \varrho_0(\mathfrak{r})^{2/3} + \frac{4}{3} \varkappa_a\, \varrho_0(\mathfrak{r})^{1/3} - \left[\frac{d}{d\varrho} W(\varrho)\right]_{\varrho=\varrho_0} = 0\,,$$

$$\varkappa_k\, \varrho_0(\omega)^{5/3} - \varkappa_a\, \varrho_0(\omega)^{4/3} - [V_0(\omega) - \bar{V}]\, e\, \varrho_0(\omega) + W\,[\varrho_0(\omega)] = 0$$

($\varkappa_k$, $\varkappa_a$ universelle Konstanten, V_0 Summe aus Kern- und Elektronenpotential, ω Koordinaten auf der Berandungsfläche, W Dichte der Korrelationsenergie, $e\,\bar{V}$ LAGRANGEscher Multiplikator).

Die erste Gleichung gilt innerhalb des Gebietes B und auf der Randfläche, die zweite Gleichung nur auf der Randfläche. Aus der gleichzeitigen Erfüllung beider Gleichungen auf der Randfläche folgt

$$\frac{2}{3} \varkappa_k\, \varrho_0(\omega)^{5/3} - \frac{1}{3} \varkappa_a\, \varrho_0(\omega)^{4/3} - W\,[\varrho_0(\omega)] + \varrho_0(\omega) \left[\frac{d}{d\varrho} W(\varrho)\right]_{\varrho=\varrho_0} = 0\,.$$

Man kann aus ihr unmittelbar erkennen, daß auf der Berandungsfläche die Elektronendichte und damit auch das Potential konstant sein müssen. Außerdem kann man zeigen, daß die Randfläche stets im Endlichen liegt. Damit haben wir ein rein elektrostatisches Problem vor uns. Im Endlichen liegt ein Gebiet, dessen Berandung Äquipotentialfläche ist. Dieses Gebiet enthält alle elektrischen Ladungen, Kerne und Elektronen. Darum darf das Potential im Außenraum nach dem Mittelwertsatz der Potentialtheorie kein Extremum annehmen. Es muß monoton von dem Wert auf der Randfläche auf den Wert, den es im Unendlichen annimmt, fallen oder steigen. Das bedeutet aber, daß die Ableitung des Potentials längs der Normalen in den Außenraum hinein $\frac{\partial V}{\partial n}$ auf der gesamten Fläche einheitliches Vorzeichen haben muß. D. h. die elektrische Feldstärke weist entweder in allen Flächenpunkten nach außen, oder in allen Flächenpunkten nach innen. Im Falle eines neutralen Moleküls gilt

$$\int\limits_{\text{Randfläche}} d\omega \frac{\partial V}{\partial n} = 0\,.$$

Damit folgt für ein neutrales Molekül das Verschwinden der Normalenableitung in jedem Punkt, d. h. der gesamte Außenraum ist feldfrei. Der bisherige Beweis gilt sowohl für die allgemeine Statistische Theorie mit Korrelationsenergie als auch bei Vernachlässigung der Korrelationsenergie, was einer Behandlung nach DIRAC gleichkommt. Innerhalb dieser Theorien kann also kein Dipolmoment auftreten. Im Falle der einfachen THOMAS-FERMI-Theorie kann der Beweis nicht angewendet werden, weil hier das Gebiet B bei neutralen Systemen bis in das Unendliche reichen kann. Es läßt sich jedoch durch eine Reihenentwicklung des Potentials für große Entfernungen vom Molekülschwerpunkt zeigen, daß auch hier kein Dipolmoment existieren kann.

Unsere Untersuchungen über die Statistische Theorie haben also das negative Ergebnis, daß diese Theorie keine Dipolmomente liefert. Die in der Literatur mit Hilfe der Statistischen

Theorie berechneten Dipolmomente, die von Null abweichen, müssen wohl durch die Näherungen innerhalb der Statistischen Theorie sowie durch Ungenauigkeiten bei den numerischen Rechnungen erklärt werden. Zur Berechnung von Dipolmomenten bzw. zur Berechnung der Matrixelemente M_{vv}, müssen also andere, kompliziertere quantenmechanische Näherungsverfahren herangezogen werden.

Literatur

[1] MECKE, R. und TIMM, B., Z. f. Phys., **98** (1936) 363.
[2] GRAY, B. F. und PRITCHARD, H. O., J. Mol. Spectr. **2** (1958) 137.
[3] SCHUBERT, M. und WILHELMI, B., Acta Phys. Hung. **13** (1961) 155.
[4] S. dazu etwa P. GOMBÁS, „Statistische Behandlung des Atoms"; S. FLÜGGE, Handbuch der Physik, Springer 1956 oder TOWNSEND, J. R. und HANDLER, G. S., J. Chem. Phys. **36** (1962) 3325.

Diskussion

Da im Vortrag die Nichtanwendbarkeit statistischer Modelle bei der Berechnung von Molekülgrößen bewiesen wurde, erhob sich in der Diskussion die Frage, ob es überhaupt Methoden gibt, Dipolmomente zu berechnen. Herr WILHELMI antwortete auf diese Frage, daß es mehrere erfolgversprechende Methoden gibt, z. B. die LCAO-MO-Methode und die HARTREE-FOCK-Näherung. Beide Methoden erfordern aber einen größeren rechnerischen Aufwand.

Zusammenhänge zwischen Intensitäten und Größen, die die Reaktivität von Bindungen charakterisieren

Gudrun Kessler

Institut für anorganische und anorg.-technische Chemie der TU Dresden

Bei der Anwendung des obengenannten Stichwortes auf vielatomige Moleküle muß man sich darüber klar sein, daß sich solche Untersuchungen meistens noch im Stadium der empirischen Materialsammlung befinden. Eine allgemeingültige, physikalisch exakte Antwort auf die Frage — welcher Zusammenhang besteht zwischen der Intensität einer Valenzschwingung und den chemischen Eigenschaften der entsprechenden Bindung — gibt es bis jetzt noch nicht. Da aber ein qualitativer Zusammenhang offensichtlich vorhanden ist, sind viele Ansätze gemacht worden, um empirisch mehr oder weniger beschränkte Beziehungen zwischen der Intensität von Molekülschwingungen und anderen Molekülkonstanten herzustellen.

Bevor mit einer *Übersicht* über die in dieser Richtung vorhandene *Literatur* begonnen wird, sollen einige häufig verwendete Begriffe kurz erläutert werden.

Wenn im folgenden vom induktiven Substituenteneffekt gesprochen wird, so soll darunter die durch die Feldwirkung des Substituenten hervorgerufene Änderung der Elektronendichte entlang einer σ-Bindung verstanden werden. Inhaltlich fällt der induktive Effekt häufig mit der als Hybridisation zweiter Ordnung bezeichneten Abweichung der wirklichen Valenzhybridisierung von ganzzahligen sp-, sp^2- oder sp^3-Hybridisationszuständen zusammen.

Mesomere Substituenteneffekte sind an das Vorhandensein von π-Bindungen und solchen p-Elektronen gebunden, die auf Grund ihrer räumlichen Anordnung mit den π-Elektronen der Doppelbindung überlappen können.

Ein Beispiel: $CH_2 = CH - \overline{\underline{F}}|$ Vinylfluorid. Einer der p-Zustände des Fluoratoms kann die gleiche Raumlage einnehmen wie die π-Elektronen der Doppelbindung. Wenn eine geringe Überlappung möglich ist, führt das zu einer Polarisierung folgender Art: $\overset{(-)}{CH_2} = CH - \overset{(+)}{F}$. Der induktive Effekt wäre bei der hohen Elektronegativität des Fluors mit genau der entgegengesetzten Polarisierung verbunden. Unter Resonanzenergie wird die Energiedifferenz zwischen dem realen Zustand und dem durch die klassische Formel beschriebenen hypothetischen Zustand verstanden. Die Hammett-Konstanten σ werden bestimmt durch die Substituenteneffekte auf die thermodynamische Dissoziationskonstante von Benzoesäure in Wasser bei 25°C [1]:

$$\sigma \sim \lg \frac{K}{K_0}, \qquad \lg \frac{K}{K_0} = \varrho\, \sigma ,$$

K_0 Diss.konstante der unsubst. Benzoesäure,
K Diss.konstante der subst. Benzoesäure.

Von Taft [2] wurde eine Auftrennung in zwei voneinander unabhängige Beiträge σ_I und σ_R vorgenommen, die den induktiven und mesomeren Effekt kennzeichnen sollen:

$$\sigma_{\text{para}} = \sigma_I + \sigma_R .$$

Die σ_I-Konstanten beruhen auf für aliphatische und o-substituierte Phenylverbindungen geltenden σ^*- oder Taft-Konstanten, für die eine der Hammett-Gleichung ähnliche Beziehung gefunden wurde:

$$\lg\left(\frac{K}{K_0}\right) = \varrho^* \sigma^*$$

K und K_0 bedeuten die Geschwindigkeitskonstanten für die Esterhydrolyse. K_0 bezieht sich auf einen Methylester.

Wie wir noch sehen werden, gibt es eine ganze Reihe von Arbeiten, die sich erfolgreich mit dem Zusammenhang zwischen IR-Intensitäten und irgendwelchen anderen Bindungseigenschaften beschäftigen. Im Bereich der Raman-*Intensitätsmessungen* ist das wesentlich anders. Das mag begründet sein in den Schwierigkeiten, die sich der Messung selbst entgegenstellen und auch dem Vorhaben, die gewonnenen Meßergebnisse sinnvoll zu interpretieren. (Mit Raman-Intensität ist im folgenden die relative integrierte Intensität bzw. der relative korrigierte Streukoeffizient gemeint.)

Die Raman-Intensität einer Valenzschwingung ist sehr empfindlich für die Wechselwirkung zwischen Doppelbindungen. Das zeigen Ergebnisse, die 1958 von Michel [3] veröffentlicht wurden. Gegenstand seiner Untersuchungen war die Raman-Intensität der C—O-Valenzschwingung von aliphatischen Carbonylverbindungen. Seine Untersuchungen führten zu folgenden allgemeingültigen Aussagen über die C=O-Valenzschwingung:

1. Der Streukoeffizient einer nichtkonjugierten Carbonylgruppe ist relativ konstant und proportional der Anzahl von unabhängigen Carbonylgruppen im Molekül.
2. Ist die C=O-Doppelbindung mit einer C=C-Doppelbindung konjugiert, wird die Raman-Intensität der C—O-Valenzschwingung wesentlich vergrößert. Das Ausmaß dieser Vergrößerung hängt zunächst ab von dem Typ der Carbonylverbindung und wächst in der Reihenfolge Ester, Keton, Aldehyd. Vollständige Konjugation ist dann möglich, wenn die Symmetrieebenen für die π-Elektronen beider Doppelbindungen koplanar angeordnet sind. Sterische Hinderungen bestimmen also den Grad der Konjugation und auch die Intensitätszunahme, die bei der Konjugation zu beobachten ist. Der Faktor, um den sich die Intensität vergrößert, ist auch, allerdings wenig systematisch, von den Substituenten an den Doppelbindungen abhängig.

1959 haben Yoshino und Bernstein [4] eine interessante Arbeit über die Ableitungen der mittleren Polarisierbarkeiten nach den C—H- und C—C-Bindungsabständen für verschiedene Kohlenwasserstoffe veröffentlicht. Die gemessenen Intensitäten der totalsymmetrischen CH- und CC-Valenzschwingungen von Methan, Äthan, Benzol, Acetylen und Äthylen dienten ihnen zur Berechnung von $\frac{\partial\alpha}{\partial r}$-Werten. Die komplizierten Berechnungen enthalten mehrere Annahmen, so auch über die Vorzeichen von $\left(\frac{\partial\alpha}{\partial Q}\right)_{\mathrm{CH}}$ bzw. $\left(\frac{\partial\alpha}{\partial Q}\right)_{\mathrm{CC}}$; deren Einfluß auf das Ergebnis kann hier nicht diskutiert werden. Das Ergebnis dieser Untersuchungen ist aber für den Chemiker sehr interessant:

Die $\left(\frac{\partial\alpha}{\partial r}\right)_{\mathrm{CH}}$-Werte liegen für die verschiedenen Kohlenwasserstoffe konstant alle bei etwa $1{,}0 \cdot 10^{-16}$ cm², unabhängig von der unterschiedlichen Hybridisation des einen Bindungspartners, des Kohlenstoffs. Die Werte werden auch nicht beeinflußt durch die Art der angrenzenden Bindungen. Dieses Ergebnis stellt den Gegensatz dar zur Änderung der Dipolmomente, die für die CH-Bindung aus IR-Intensitäten abgeleitet werden. Die Ableitung des elektrischen Momentes nach dem Kernabstand ist für verschiedene Moleküle als verschieden gefunden worden; sie unterscheidet sich auch bei unterschiedlicher Symmetrie der Schwingungen ein und desselben Moleküls.

Die $\left(\frac{\partial\alpha}{\partial r}\right)_{\mathrm{CC}}$-Werte für die C—C-Bindung in den genannten Molekülen verhalten sich zueinander nahezu wie die Multiplizitäten der entsprechenden Bindungen. Dividiert man $\left(\frac{\partial\alpha}{\partial r}\right)_{\mathrm{CC}}$ durch die Multiplizitäten der Bindungen, so kommt wieder etwa derselbe Wert $1{,}0 \cdot 10^{-16}$ cm² wie für die CH-Bindung heraus. Nach Ansicht der Verfasser scheinen die Ableitungen der mittleren Polarisierbarkeit nach der Bindungslänge der Zahl der bindenden Elektronen proportional zu sein.

Von Bobowitsch [5] (aus dem Jahre 1961) stammt eine Veröffentlichung über das Thema „Die Intensität von Banden im Raman-Spektrum und der Charakter der chemischen Bindung".

Er behandelt einleitend den Zusammenhang zwischen der Elektronegativität der Bindungspartner und dem Hybridisationszustand der chemischen Bindung, ohne neue Ergebnisse zu finden. Die theoretische Untersuchung der Beziehung zwischen Intensität der Banden und dem Typ der chemischen Bindung ist eine außerordentlich komplizierte Aufgabe. Daher beschränkt sich Bobowitsch auf qualitative Folgerungen aus der Intensitätsformel der halbklassischen Theorie, wonach $I \sim \left(\frac{\partial \alpha}{\partial Q}\right)^2$ ist. Daraus folgert er, daß $\frac{\partial \alpha}{\partial q}$ für einfache Moleküle als angenähertes Maß für die Polarität der Bindungen dienen kann (q ist die sogenannte natürliche Koordinate). Da der Beweis für diese Hypothese in allgemeiner Form schwer zu führen ist, untersucht Bobowitsch experimentelle Möglichkeiten der Verwendbarkeit von Intensitätsdaten als Kriterium des Typs einer chemischen Bindung.

Den Gegenstand der experimentellen Untersuchungen bilden Halogenide und Sauerstoff enthaltende Anionen. (Bedenklich scheint, daß die Stoffe zum Teil in gelöster Form untersucht wurden — es ist bekannt, daß Wechselwirkungen zwischen Lösungsmittel und Gelöstem die Intensitäten stark verändern können.) Die Tabellen 1 und 2 zeigen die experimentellen Ergebnisse, zusammengestellt mit der Differenz der Elektronegativitäten als Maß für die Polarität der Bindungen. Bobowitsch bezeichnet diese Beziehungen innerhalb der Grenzen jeder Gruppe von Elementen als vernünftige qualitative Korrelation und als Bestätigung seiner Annahme.

TABELLE 1

Gegenüberstellung der Intensität von Raman-Linien der totalsymmetrischen Schwingungen und des Differentialquotienten $\left(\frac{\partial \alpha}{\partial q}\right)$ mit den Elektronegativitätsdifferenzen $\chi_{Element}$-χ_{Chlor} für einige Chloride

Nr.	Molekül	Frequenz (cm^{-1}) und Intensität (Einheitsskala)	Depolarisationsgrad	$\left(\frac{\partial \alpha}{\partial q}\right)$ (in $Å^2$)	$x_{El} - x_{Cl}$
1	$BeCl_2$	520 (0,4)	0,1	0,27[1]	1,49
2	$MgCl_2$	200 (1,5)	≈0,05	0,26	1,38
3	$ZnCl_2$	280 (11)	0,02	0,91	0,98
4	$CdCl_2$	230 (18)	0,03	1,1	0,78
5	CCl_4	459 (52)	0,02	2,00[2]	0,58
6	$SiCl_4$	424 (58,8)	0,08	1,99	1,25
7	$GeCl_4$	396 (156)	0,05	3,12	1,13
8	$SnCl_4$	366 (291)	0,05	4,04	0,68
9	$TiCl_4$	386 (483,6)	0,05	5,4	0,93
10	$ZrCl_4$	315 (52)	teilpolarisiert	—	1,05
11	PCl_3	510 (82)	0,14	—	0,96
12	$SbCl_3$	360 (213)	—	—	0,87
13	$BiCl_3$	288 (246)	—	—	—

Anmerkung: [1]) Der Quotient $\frac{\partial \alpha}{\partial q}$ für $BeCl_2$, wie auch für andere Elemente der 2. Gruppe des PSE wird berechnet unter der Annahme ihres gestreckten Baues. Dem widersprechen aber die sehr niedrigen Werte des Depolarisationsgrades. Es ist möglich, daß in den Lösungen dieser Stoffe komplexe Ionen gebildet werden.

[2]) Der Absolutwert für $\frac{\partial \alpha}{\partial q}$ stimmt überein mit dem in der Arbeit [15] berechneten (s. a. [17]).

TABELLE 2

Gegenüberstellung der Intensität der RAMAN-Linien der totalsymmetrischen Schwingungen und des Differentialquotienten $\frac{\partial \alpha}{\partial q}$ mit den Elektronegativitätsdifferenzen $\chi_{Element}$-χ_O für Säureanionen

Nr.	Anion	Frequenz (cm^{-1}) und Intensität (Einheitsskala)	Depolarisationsgrad	$\frac{\partial \alpha}{\partial q}$ (in Å²)	$x_{El} - x_O$
1	CO_3^{-2}	1060 (10)	0,11	1,05	0,88
2	NO_3^-	1050 (29)	0,16	1,70	0,47
3	PO_4^{-3}	935 (10,9)	0,05	0,97	1,26
4	AsO_4^{-3}	840 (33,3)	0,12	1,44	1,48
5	SO_4^{-2}	980 (22)	0,03	1,33	–
6	CrO_4^{-2}	856 (120–140)[1]	–	3,3	1,16
7	MoO_4^{-2}	900 (100)	0,04	2,86	0,89
8	WO_4^{-2}	925 (65)	0,09	2,30	1,07

Anmerkung:[1]) Die Intensität wurde abgeschätzt aus den Schwärzungsstufen der photographischen Platte. Es ist möglich, daß die gemessene Intensität gar nicht den Bindungszustand wiedergibt wegen der Farbe des Anions (Entstehung von Resonanz).

Schließlich wird noch der Einfluß der Valenzhybridisation des Kohlenstoffs an der Intensität der CH-Valenzschwingung untersucht. Gemessen wird die Gesamtintensität im Gebiet der CH-Valenzschwingungen für Kohlenwasserstoffe, die den Kohlenstoff im sp-, sp^2 und sp^3-Hybridisierungszustand enthalten. Der so gefundene Meßwert wird durch die Zahl der CH-Bindungen dividiert und als Funktion des s-Charakters der Bindung aufgetragen. Es ergibt sich, daß die RAMAN-Intensität der CH-Valenzschwingung mit wachsendem S-Gehalt abnimmt. (Diese Ergebnisse befinden sich offensichtlich im Gegensatz zu denen von YOSHINO und BERNSTEIN.) Aus dem angeführten Beispiel schließt BOBOWITSCH, daß die RAMAN-Intensität geeignet ist, wertvolle Hinweise für den Charakter der chemischen Bindung zu liefern.

Abb. 1 zeigt unsere Meßergebnisse an der SiH-Bindung, erhalten aus den reinen flüssigen Substanzen des Typs R_3SiH. Es ist uns nicht gelungen, eine sichere und eindeutige Korrelation mit anderen Bindungsgrößen zu finden, etwa mit Substituentenkonstanten oder Geschwindigkeitskonstanten o. ä. Nach unseren Ergebnissen scheint es so, als könnte man die RAMAN-Intensität nicht so einfach wie BOBOWITSCH interpretieren. Wenn man z. B. die Werte für $HSiCl_3$, CH_3SiHCl_2 und $(CH_3)_3SiH$ miteinander vergleicht, findet man die Differenz sehr groß zwischen $HSiCl_3$ und CH_3SiHCl_2, sehr klein aber zwischen CH_3SiHCl_2 und $(CH_3)_3SiH$. Aus der Frequenz der SiH-Valenzschwingung kann man andererseits entnehmen, daß sich die Polarität der SiH-Bindung nahezu kontinuierlich mit der Chlorsubstitution des Trimethylsilans ändert. Sicher bewirken hier die Symmetrie- und Hybridisationsänderungen noch zusätzliche, schwer übersehbare Einflüsse auf die Ramanintensität.

Verbindung	S	Verbindung	S
$(CH_3)_3SiH$	5,26	$(sec\text{-}C_4H_9)_3SiH$	3,45
$(C_2H_5)_3SiH$	5,25	$(i\text{-}C_4H_9)_3SiH$	4,06
$(C_3H_7)_3SiH$	4,74	$(n\text{-}C_5H_{11})_3SiH$	4,97
$(sec\text{-}C_3H_7)_3SiH$	4,72	$HSiCl_3$	6,65
$(n\text{-}C_4H_9)_3SiH$	4,91	CH_3SiHCl_2	5,53

Abb. 1. Relativer korrigierter Streukoeffizient S der SiH-Valenzschwingung

Im nächsten Abschnitt soll gezeigt werden, mit welchen Möglichkeiten und Grenzen sich die Deutung der IR-*Intensität* in der modernen Literatur widerspiegelt. An dieser Stelle können nur ausgewählte, besonders interessante Beispiele angeführt werden.

In einer Arbeit von THOMPSON und STEEL [6] (1956) wird die IR-Intensität der CN-Valenzschwingung in Alkyl- und substituierten Arylcyaniden untersucht.

Angeregt durch schon länger bekannte Beziehungen zwischen der Frequenz der Valenzschwingung und Substituentenkonstanten σ, dehnten die Verfasser ihre Untersuchungen auch auf die inzwischen gut meßbare Intensität aus. Zur Interpretierung der Intensitätswerte durch eine Korrelation mit Substituentenkonstanten gingen sie etwa von folgenden Überlegungen aus. In erster Näherung ist A ein Maß für $\left(\frac{\partial\mu}{\partial r}\right)^2$ und $\sqrt{A}$ daher ein Maß für die polaren Eigenschaften der Bindung oder für den Wechsel des Ionencharakters während der Schwingung. Diese Änderung sollte mit der Reaktivität zusammenhängen. In formaler Analogie zu der bekannten Gleichung $\lg K - \lg K_0 = \varrho\, \sigma$ postulieren die Verfasser daher eine Beziehung $\lg A - \lg A_0 = \varrho'\, \sigma$. Die Abbildungen 2 und 3 zeigen, daß sich die Ergebnisse mit den Koordinaten $\lg A$ und σ korrelieren lassen. Die Aussagekraft von analogen

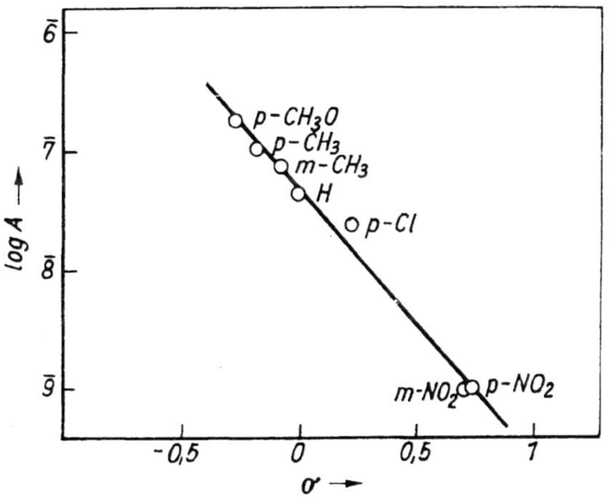

Abb. 2. Abhängigkeit des log A von σ für substituierte Benzonitrile in Tetrachlorkohlenstoff

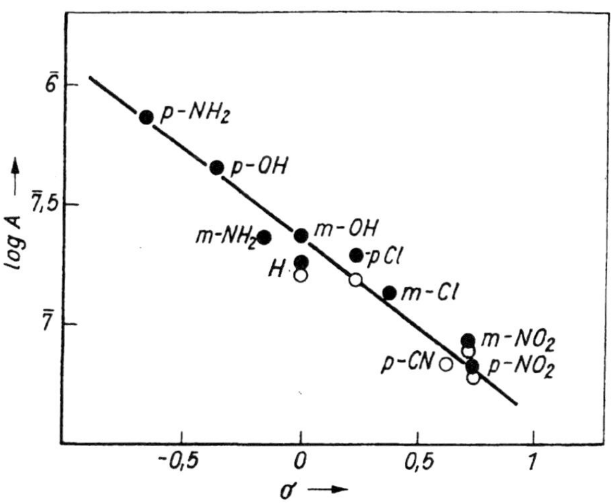

Abb. 3. Abhängigkeit des log A von σ für substituierte Benzonitrile in Chloroform. Offene Kreise: Ergebnisse dieser Arbeit; ausgefüllte Kreise: Ergebnisse von SENSI und GALLO

Beziehungen mit den Aciditätskonstanten entsprechender substituierter Benzoesäuren und mit vier Geschwindigkeitskonstanten für Reaktionen an der CN-Gruppe ist wegen zu kleiner Zahl von Meßwerten nur gering. Frequenz und IR-Intensität der CO-Valenzschwingung in Verbindungen des Typs $\mathrm{X-\underset{\underset{O}{\|}}{C}-Y}$ bilden den Gegenstand der Untersuchungen von Thompson und Jameson [7]. (X, Y sind sauerstoffhaltige, aliphatische Gruppen.) Der Versuch, auch mit diesen Verbindungen durch Auftragen von $\lg A$ über σ^* eine Beziehung zu finden, führt zu völlig unregelmäßigen Streuungen. Die Verfasser vermuten daher, daß die Substituenten zusätzliche mesomere Effekte auf die C—O-Bindung ausüben. Um das experimentell bestätigen zu können, nehmen sie eine grobe Näherung vor: sie setzen den für aliphatische Verbindungen nicht bekannten σ_R-Wert dem σ_R-Wert für Substituenten in aromatischen Verbindungen proportional. Mit dieser Annahme und den gefundenen Intensitäten leiten sie eine empirische Gleichung ab:

$$\lg A = \lg A_0 + \alpha\, \Sigma\, \sigma^* + \beta\, \Sigma\, (\sigma_R^Y + \sigma_R^X) - \gamma\, (\sigma_R^X \cdot \sigma_R^Y)\,.$$

Diese Gleichung wird als Bestätigung für die Annahme starker mesomerer Effekte aufgefaßt. Es wird ohne irgendeine Begründung angedeutet, daß Resonanzenergie und IR-Intensität proportional sein sollten. In einer späteren Arbeit [8] wird dann festgestellt, daß wegen zu wenig vorhandener und zu unsicherer Werte für die Resonanzenergie die Beziehung zur IR-Intensität nicht offensichtlich ist.

1958 veröffentlichte Brown [9, 10] eine größere Übersicht über das Thema „IR-Intensitäten und Molekülstruktur". Im ersten Teil dieser Arbeit setzt er sich mit dem Problem der Berechnung von Bindungsmomenten und Bindungsmomentableitungen auseinander. Da hier exakte Lösungen noch fernliegen, weist er auf die andere Untersuchungsrichtung hin: Korrelation von Intensitäten mit anderen Moleküleigenschaften. Aus den angeführten Beispielen und einer nachfolgenden Arbeit sollen die Ergebnisse an der OH-Valenzschwingung aliphatischer Alkohole des Typs $R_1R_2R_3COH$ zitiert werden. Brown findet A als lineare Funktion der $\Sigma\, \sigma^*$, wobei σ^* als Maß der elektronenanziehenden Kraft von R benutzt wird. Brown setzt voraus, daß die Form der Normalschwingung als Änderung des OH-Abstandes betrachtet werden kann. Die IR-Intensität wird in diesem Fall hauptsächlich bestimmt durch die Änderung im sogenannten OH-Bindungsmoment und durch Änderungen in der Hybridisation der Sauerstofforbitals. Der Grundzustand der Verbindungen kann beschrieben werden durch die Grenzstrukturen I und II:

$$\underset{\mathrm{I}}{\mathrm{R-O-H}} \qquad\qquad \underset{\mathrm{II}}{\mathrm{R-\overset{(-)}{O}-\overset{(+)}{H}}}$$

II wird ein größeres Moment für wachsende OH-Abstände besitzen. Dieser Beitrag zur Intensität wird um so größer sein, je größer die elektronenanziehende Kraft von R und damit das Gewicht der Struktur II ist. Letzteres kann sich aber während der Schwingung ändern. Der Gedankengang enthält stillschweigend die Annahme, daß der Ionencharakter mit dem Abstand wächst. Die anderen Beiträge zur Intensität werden vernachlässigt mit der Annahme, daß die OH-Valenzschwingung die Bindungswinkel nicht beeinflußt.

Im gleichen Jahr sind noch zwei bemerkenswerte Arbeiten von Mills [11] und Coulson [12] erschienen. Sie enthalten eine zusammenfassende Übersicht über den Stand der exakten theoretischen Interpretierung und Vorausberechnung von IR-Intensitäten mehratomiger Moleküle.

Der Chemiker wird in der Arbeit von Mills [11] besonders den Hinweis beachten, daß irgendwelche qualitativen Folgerungen sehr empfindlich gegenüber willkürlichen Annahmen über die Form von Normalkoordinaten sind.

Coulson [12] beschreibt in einem Abschnitt, welche Schwierigkeiten der Versuch macht, die beobachteten Absolutwerte von $\frac{\partial \mu}{\partial Q}$ mit üblichen Bindungseigenschaften zu verknüpfen. Wenn man annimmt, daß das Prinzip der Bindungsadditivität der Dipolmomente auch auf die $\frac{\partial \mu}{\partial Q}$ übertragen werden kann, so enthält diese Annahme folgende Voraussetzungen:

1. Wenn eine Bindung gestreckt wird um die Größe δr, entsteht ein Moment $\left(\frac{\partial \mu}{\partial r}\right) \delta r$; das Moment liegt in der Bindungsrichtung.

2. Wenn eine Bindung verbogen wird um den Winkel $\delta \Theta$, so entsteht ein Moment $\mu_0\, \delta \Theta$ in der Ebene der Verbiegung und senkrecht zur Bindungsrichtung.

3. Wenn eine oder mehrere Bindungen verbogen oder gestreckt werden, oder wenn eine Kombination von Deformations- und Valenzschwingungen auftritt, sind die oben beschriebenen Momente streng additiv. Veränderung der einen Bindung erfolgt unabhängig von den anderen Bindungen. Diese Voraussetzungen sind für den allgemeinen Fall nicht mehr erfüllt, da die geforderte Unabhängigkeit der Beiträge gerade nicht vorhanden ist. Jedoch sind die Annahmen für manche grob vereinfachenden Diskussionen noch geeignet.

Im gleichen Jahr erschien eine Arbeit von Brown (1960) [13] in der zum erstenmal der Versuch unternommen wird, Beziehungen zwischen σ und A für ein bestimmtes Modell eine theoretische Grundlage zu geben. Ohne Diskussion der theoretischen Ableitungen sollen hier nur ein paar Gedankengänge dargelegt werden, die uns besonders interessant erschienen.

Nach der Ableitung eines einfachen Molekülorbitalmodells für Verbindungen der Form X—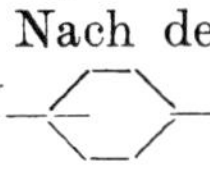—S wendet Brown dieses Modell auf die Berechnung der IR-Intensität von substituierten Benzonitrilen an. Im Ergebnis findet er, daß $\sqrt{A}$ eine lineare Funktion einiger physikalischer Molekülkonstanten ist. Die Beziehung zu Substituentenkonstanten σ stellt Brown nun auf folgendem Wege her:

Die Aktivierungsenergie für einen elektrophilen Prozeß kann man schreiben als

$$E_a = E_a' + E_a^0 .$$

E_a^0 ist ein für eine Verbindung mit verschiedenen Substituenten konstanter Beitrag. E_a' ist der aus elektrostatischen Wechselwirkungen zwischen der elektrophilen Ladung des angreifenden Reagenzes und der Partialladung am Reaktionszentrum herrührende Beitrag. E_a' ist als elektrostatisches Potential eine Funktion des Abstandes zwischen den Wechselwirkungszentren im Übergangszustand. Außerdem ist es abhängig von der Änderung der Partialladung am Reaktionszentrum beim Übergang von Gleichgewichtsbedingungen zum Übergangszustand. Es gelingt Brown nun, dieses Potential E_a' als Funktion derselben Größen auszudrücken, die auch $\sqrt{A}$ bestimmen. Mit der Hammett-Gleichung $\lg K_x - \lg K_H = \frac{-\Delta E_e}{R\,T} = p\,\sigma$ folgt dann, daß $\sqrt{A}$ irgendeine lineare Funktion der Hammett-Konstanten ist, was sich auch experimentell in gewissem Umfang bestätigen läßt.

Von Rao und Vankataraghavan [14] (1961) stammt eine statistische Untersuchung der verschiedensten bisher bekannten Beziehungen zwischen der absoluten IR-Intensität und Substituentenkonstanten.

Er stellt fest, daß für aromatische Verbindungen die beste Beziehung die Form $\lg A = \lg A_0 + p\,\sigma$ hat.

Die analogen Gleichungen für aliphatische Verbindungen unter Verwendung von σ^* sind im allgemeinen wesentlich schlechter erfüllt. Die Verfasser weisen noch besonders hin auf die Anwendbarkeit solcher Funktionen für die Identifizierung von möglichen Resonanzformen aromatischer Systeme und für die Bestimmung von Substituentenkonstanten.

Als letztes Beispiel aus der Literatur soll eine Publikation von SCHMID und BELLANATO [15] aus dem vergangenen Jahr dienen. Sie beschäftigt sich mit dem Thema „Beziehungen zwischen der IR-Intensität der CH-Valenzschwingungen monosubstituierter Benzole und dem Induktivparameter σ_I der HAMMETT-Konstanten". Die Arbeit enthält Messungen an zwanzig Verbindungen. Auf die Auseinandersetzung mit Problemen der Bandenüberlagerung und andere Störmöglichkeiten muß an dieser Stelle verzichtet werden. Die Verfasser gehen zunächst davon aus, daß ein funktioneller Zusammenhang zwischen der IR-Intensität und den σ-Konstanten vermutet werden kann, da beide von der durch den Substituenten beeinflußbaren Elektronendichte im Phenylring abhängen.

Wie bekannt [1], sind die σ-Werte ein Maß für die Wirkung der Substituenten auf die relativen freien Energieänderungen für Reaktionen an aromatischen Verbindungen X—⟨⟩—Y:

$$-RT\ln\frac{K}{K_0} = \Delta F^{+} - \Delta F \quad \begin{cases} \Delta F^{+} & \text{Wirkung der Subst. auf freie Energie des Übergangszustandes} \\ \Delta F & \text{Wirkung des Subst. auf freie Energie des Reaktionszustandes.} \end{cases}$$

Weiterhin stützen sich die Verfasser auf HAMMETTS Annahme, daß die Wirkung von Substituenten auf Geschwindigkeits- oder Gleichgewichtskonstanten durch den Einfluß des Substituenten auf die Elektronendichte am Reaktionszentrum zu deuten ist.

Ein Substituent X im monosubstituierten Benzol ruft wahrscheinlich ähnliche Änderungen der Elektronendichte hervor wie in disubstituierten Benzolen X—⟨⟩—Y, wofür die σ-Konstanten ja eigentlich gelten. (Diese Vermutung schließt sozusagen Rückwirkung von Y auf den Phenylkern und X aus.) Unter diesen Umständen ist A als Funktion von σ sehr gut denkbar.

Empirisch stellen die Verfasser dann fest, daß sinnvolle Beziehungen nur mit dem Induktivparameter der σ-Konstanten möglich sind. Abb. 4 zeigt die Kurve, die durch die analytischen Ausdrücke $A = -0{,}77\ \sigma_I + 0{,}54$ und $\lg A = -0{,}85\ \sigma_I - 0{,}26$ beschrieben wird.

Bisher hat es sich ausschließlich um Beispiele aus der Kohlenstoffchemie gehandelt. Intensitätsmessungen an der Valenzschwingung der SiH-Bindung sollen hier als Beispiel aus der anorganischen Chemie dienen.

Den Gegenstand unserer Untersuchungen bildeten Verbindungen des Typs R_3SiH, worin R eine Alkyl- oder p-substituierte Arylgruppe bedeutet. Die SiH-Bindung schien uns für solche Untersuchungen sehr geeignet, da der SiH-Valenzschwingung eine charakteristische, isoliert liegende Bande entspricht.

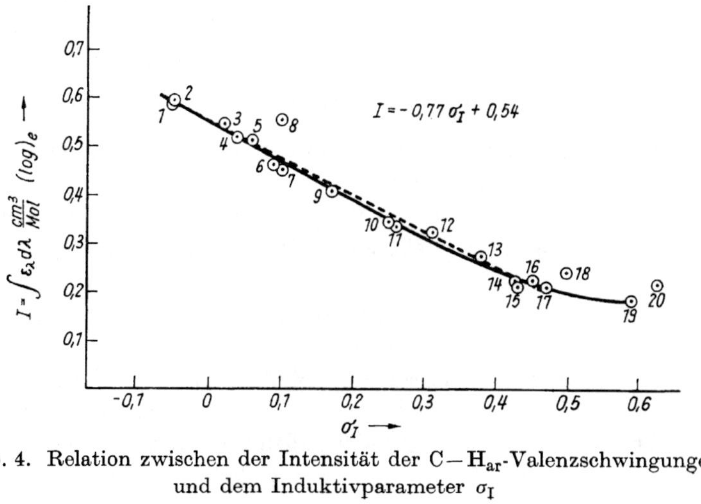

Abb. 4. Relation zwischen der Intensität der $C-H_{ar}$-Valenzschwingungen und dem Induktivparameter σ_I

Silicium steht zwar in der 4. Hauptgruppe des PSE zusammen mit dem Kohlenstoff, jedoch ist die Interpretation von IR-Intensitäten mit Hilfe von an Kohlenstoffverbindungen abgeleiteten Substituentenkonstanten nicht restlos befriedigend. Wir haben daher nach direkteren Zusammenhängen mit den durch Substituenten veränderten Eigenschaften der SiH-Valenzschwingung gesucht.

Es ist bekannt, daß Silane in alkalischem Medium Hydrolyse erleiden, etwa nach der Gleichung

$$\rangle SiH + H_2O \xrightarrow{OH'} \rangle Si{-}OH + H_2\nearrow .$$

Die Reaktionsfähigkeit der SiH-Bindung ändert sich dabei in Abhängigkeit von der Natur der drei an Silicium gebundenen Liganden. Die entsprechenden Reaktionsgeschwindigkeitskonstanten stellen dann innerhalb einer Substanzreihe mit gleichbleibender räumlicher Anordnung ein relatives Maß für die Summe des Substituenteneinflusses dar. Solche Geschwindigkeitskonstanten sind vor einiger Zeit durch SCHOTT und HARZDORF [16] bekannt geworden. Damit konnten wir unsere gesuchten Zusammenhänge finden. Für die Darstellung einer Beziehung benutzten wir etwa folgenden Ausgangspunkt:

Nach der Theorie des aktivierten Komplexes ist eine Reaktionsgeschwindigkeitskonstante k_r gegeben durch [17]:

$$k_r = \frac{k\,T}{n} e^{\frac{\Delta S_0^{\neq}}{R}} \cdot e^{-\frac{\Delta I_0^{\neq}}{RT}} .$$

Wenn man diese Gleichung logarithmiert, erhält man

$$\ln k_r = \ln \frac{k\,T}{n} + \frac{\Delta S_0^{\neq}}{R} - \frac{\Delta I_0^{\neq}}{R\,T} .$$

Nach Multiplikation mit $(-R\,T)$ ergibt sich

$$-R\,T \ln k_r = -R\,T \ln \frac{k\,T}{n} - T\,\Delta S_0^{\neq} + \Delta I_0^{\neq} .$$

Nach Umformung und Anwendung des zweiten Hauptsatzes erhält man

$$-R\,T \ln k_r = -R\,T \ln \frac{k\,T}{n} + \Delta G_0^{\neq} .$$

Wenn man jetzt Reaktionen bei konstanter Temperatur T auf die Reaktion mit einem unsubstituierten Grundkörper beziehen will, führt das zu der Beziehung

$$R\,T \ln \frac{k_{r\,(2)}}{k_{r\,(1)}} = -\Delta G^{\neq}_{0\,(2)} + \Delta G^{\neq}_{0\,(1)} = -\Delta\Delta G_0^{\neq} .$$

Danach ist die relative Geschwindigkeit einer Reaktion der Differenz der thermodynamischen Standardpotentiale der den beiden Reaktionen entsprechenden aktivierten Komplexe proportional. Wir wollen hier $\Delta\Delta G_0^{\neq}$ als Maß für die Möglichkeit der Bildung des Übergangszustandes oder aktivierten Komplexes auffassen. Sowohl diese Möglichkeit als auch die Intensität der Valenzschwingung hängen mit der Festigkeit der Bindung im Grundzustand und ihrer Polarisierbarkeit zusammen.

Wir haben nun die $\Delta\Delta G_0^{\neq}$ proportionalen Logarithmen der Geschwindigkeitskonstanten für die alkalische Hydrolyse zusammen mit den gemessenen Intensitäten in ein Diagramm eingetragen. Abb. 5 zeigt, wie unsere Vermutung bestätigt wurde, und daß tatsächlich ein definierter Zusammenhang zwischen den Logarithmen der Geschwindigkeitskonstanten und der IR-Intensität vorhanden ist.

Zusammenfassend muß man über die bis jetzt bekannten Ergebnisse zu dem Thema — Intensitäten und Größen, die die Reaktivität von chemischen Bindungen kennzeichnen — feststellen, daß die Deutung der Zusammenhänge i. allg. nur sehr grobe Näherungen darstellen.

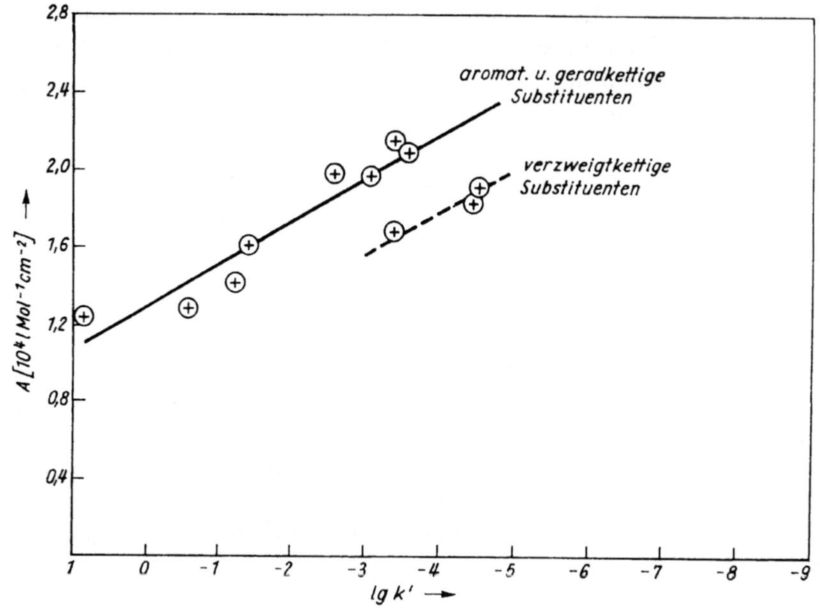

Abb. 5. IR-Intensität und spezifische Geschwindigkeitskonstanten

Der Nutzen solcher Untersuchungen liegt nach unserer Ansicht auf zwei verschiedenen Gebieten:

Zunächst wird eine Materialsammlung im Hinblick auf die Deutung der Intensität hergestellt, die sicher bei der Lösung des interessanten Problems durch eine exakte, allgemeingültige Beziehung zu verwenden ist.

Zum anderen besitzen die Ergebnisse von Intensitätsmessungen und ihre Interpretation in der oben gezeigten einfachen Weise praktische Bedeutung bei der Lösung strukturanalytischer und analytischer Probleme.

Unter bestimmten Voraussetzungen ist auch die Vorausbestimmung kinetischer Daten möglich, die sonst meistens erst das Ergebnis langwieriger und komplizierter Messungen sind.

Je mehr charakteristische, physikalische Molekülkonstanten der Chemiker in der Hand hat, um so besser kann er den wahrscheinlichen Ablauf von Reaktionen beurteilen. Auch in diesem Sinne wird die Intensität sicher noch Gegenstand zahlreicher und hoffentlich immer exakterer, ergebnisreicherer Untersuchungen bleiben.

Literatur

[1] Hammett, L. P., Physical Organic Chemistry. New York 1940.
[2] Taft jr., R.W ., in M. S. Newman, Steric Effects in organic Chemistry. New York 1956.
[3] Michel, G., Denyckaerts, G., Spektrochim. Acta **10** (1958) 259.
[4] Yoshino, T., Bernstein, H. J., Spectrochim. Acta **14** (1959) 127.
[5] Bobowitsch, J. S., Optika i Spektroskopija **11** (1961) 161.
[6] Thompson, H. W., Steel, J., Trans. Faraday Soc. **52** (1956) 1451.
[7] Thompson, H. W., Jameson, D. A., Spectrochim. Acta **13** (1958) 236.
[8] Thompson, H. W., Popplewell, R. L. J., Z. Elektrochem. **64** (1960) 746.
[9] Brown, T. L., J. Amer. Chem. Soc. **80** (1958) 6489.
[10] Brown, T. L., Chem. Rev. 1958, 581.
[11] Mills, J. M., Ann. Rep. Progr. Chem. **55** (1959) 55.
[12] Coulson, C. A., Proc. Conf. Molec. Spectr. (1959) 183–204.
[13] Brown, T. L., J. Phys. Chem. **64** (1960) 1798.

[14] Rao, C. N. R., Venkataraghavan, R., Canad. J. Chem. **39** (1961) 1757.
[15] Schmid, E. D., Bellanato, J., Z. Elektrochem. **65** (1961) 362.
[16] Schott, G., Harzdorf, C., Z. anorg. allg. Chem. **306** (1960) 180.
[17] Eyring, H., J. chem. Phys. **3** (1935) 107.

Diskussion

Herr Marx stellte die Frage, ob schon ein Zusammenhang zwischen Infrarotintensität und Frequenz generell gefunden sei und ob sich beide Größen in einem einzigen Ausdruck im Zusammenhang mit den diskutierten Reaktionskonstanten ausdrücken lassen. Frau Kessler stellte in ihrer Antwort fest, daß sich in keinem der untersuchten Fälle ein Zusammenhang zwischen Intensität und Frequenz feststellen läßt.

Herr Engelhardt wies darauf hin, daß kein einfacher Zusammenhang zwischen beiden Größen zu erwarten sei, da Intensität und Frequenz von verschiedenen Faktoren beeinflußt werden.

Herr Dr. Kriegsmann stellte in diesem Zusammenhang noch einmal fest, daß die Hypothese von Thompson, daß der induktive Effekt die Frequenz, der mesomere die Intensität beeinflußt, nicht allgemein bestätigt werden kann. Zusammenfassend stellte Herr Dr. Kriegsmann fest, daß erst ein umfangreiches experimentelles Material abgewartet werden muß, um einen Zusammenhang zwischen Intensität und Frequenz auffinden zu können.

In einem längeren Diskussionsbeitrag führte Herr Zahradník an Hand seiner Untersuchungen mit Herrn Dr. Boček an polinuklearen Grundkörpern von Benzol bis Coronen aus, daß — durch eine Vielzahl von Arbeiten bestätigt — sehr wohl Zusammenhänge zwischen thermodynamischen und kinetischen Größen einerseits und der Atomlokalisierungsenergie A anderseits bestehen.

Herr Prof. Steger schlug vor, um Zusammenhänge zwischen Intensität und Reaktionskonstanten zu finden, die Oberschwingungen intensitätsmäßig zu untersuchen, da die chemischen Reaktionen im angeregten Zustand verlaufen. Herr Dr. Kriegsmann teilte in diesem Zusammenhang mit, daß die von Frau Kessler durch Intensitätsmessung bestimmten Geschwindigkeitskonstanten der Hydrolysereaktion der Silane demnächst durch kinetische Messungen experimentell überprüft werden sollen.

Korrelationen von Intensitätsmeßwerten im Infrarot- und RAMAN-Spektrum mit Strukturkonstanten

K. BOČEK und R. ZAHRADNÍK

Institut für Arbeitshygiene und Berufskrankheiten, Prag und Institut für Physikalische Chemie der Tschechoslovakischen Akademie der Wissenschaften, Prag

In den letzten sieben Jahren erschien eine ganze Reihe von Arbeiten, welche sich mit Korrelationen von Intensitätsmeßwerten unter Benutzung verschiedener empirischer Gleichungen, die aus der theoretischen organischen Chemie bekannt sind, befassen. Pionierarbeit wurde auf diesem Gebiet hauptsächlich von italienischen und englischen Wissenschaftlern geleistet (z. B. SENSI, GALLO, MOCCIA, CALIFANO, THOMPSON und Mitarb.).

Noch vor einer verhältnismäßig kurzen Zeit waren an diesem Gebiet nur einige Laboratorien interessiert und erst in der letzten Zeit wächst die Zahl der Arbeiten enorm an.

Die beschriebenen Korrelationen lassen sich in zwei Gruppen einteilen: erstens Korrelationen mit Strukturkonstanten der linearen Beziehungen von Veränderungen der Freien Energie (LFER) und zweitens verschiedene Beziehungen, die spezielle Konstanten mit einem engeren Anwendungsgebiet benutzen. Zur ersten Gruppe gehören die Gleichungen nach TAFT, HAMMETT und die formal identische Gleichung, welche die Atomlokalisierungsenergie nach WHELAND benutzt. Die letztgenannte Größe hat den Vorteil, daß es sich um eine theoretisch berechnete Größe handelt, so daß die Korrelationen einen semitheoretischen Charakter erreichen. In die zweite Gruppe können wir z. B. Korrelationen mit der Anzahl von Kohlenstoffatomen, mit Elektronegativitätswerten, mit Werten der Resonanzenergie usw., einreihen. Heute sind viele Arbeiten bekannt, welche diese Korrelationen mit Erfolg benutzen. Einwände einiger Autoren, die ihre Berechtigung bezweifeln, können ausnahmslos wiederlegt werden, wie wir folgend zeigen werden.

Die Frage, ob die Intensitätsmeßwerte selbst, ihr Logarithmus oder eine andere Größe korreliert werden sollen, ist bis jetzt offen; nach unseren Erfahrungen, die durch statistische Bearbeitung gestützt sind, ist jedoch die Benutzung des Logarithmus in den meisten Fällen erfolgreicher.

TABELLE 1

Korrelationen von Intensitätsdaten mit Hilfe der TAFTschen Gleichung[1])

Verbindungen	Spektr.	$\nu_{X'-Y'}$	X	Y	n	Richtungs-faktor	Literaturangabe	
							Exp. Daten	Verarbeitung der exp. Daten
Alkohole	IR	O—H	$\Sigma\,\sigma^*$	A	17	$\varrho^* \simeq +0{,}13$	[1]	[1]
Trisubst. Silane	IR	Si—H	$\Sigma\,\sigma^*$	A	13	$\varrho^* = -0{,}26$	[2]	[2]
Aliph. Nitrile	IR	C≡N	σ^*	log A	—	$\varrho^* \simeq +0{,}6$	[3]	[3]
Subst. Keto-verbindungen	IR	C=O	$\sigma_R^{X'} + \sigma_R^{Y} - \sigma_R^{X} \cdot \sigma_R^{Y}$	log A	26	tg $\alpha = -0{,}80$	[4]	[4]

[1]) Die Werte der Richtungsfaktoren ϱ wurden nur graphisch ermittelt.

TABELLE 2

Korrelationen von Intensitätsdaten mit Hilfe der Hammettschen Gleichung[1])

Verbindungen	Spektr.	$\nu_{X'-Y'}$	X	Y	n	Richtungsfaktor	Literaturangabe: Exp. Daten	Literaturangabe: Verarbeitung der exp. Daten
4-Subst. Pyridine	IR	{C—C {C—N	σ	$\log \varepsilon$	13	$\varrho \simeq -1{,}0$	[5]	diese Arbeit
4-Subst. Pyridin-1-Oxyde	IR	N—O	σ^+	ε	8	$\varrho = +139$	[6]	diese Arbeit
3-Subst. Pyridine	IR	C—H	σ	ε	6	$\varrho = -52$	[7]	diese Arbeit
Monosubst. Benzole	IR	C—H	σ_I	$\log A$	19	$\varrho' = -0{,}85$	[8]	diese Arbeit
Aniline	IR	N—H[2])	σ	$\log q$[3])	20	$\varrho = -0{,}17$	[9]	diese Arbeit
Aniline	IR	N—H	σ^-	$\log q$	15	$\varrho_p = +0{,}25$ $\varrho_m = +0{,}16$	[10]	[20]
Benzoesäuremethylester	IR	C=O	σ	A	20	$\varrho \simeq -1{,}04$	[11]	diese Arbeit
Benzaldehyde	IR	C=O	σ^+	A	8	$\varrho \cong -0{,}8$	[11]	diese Arbeit
Acetanilide	IR	C=O	σ	$\log A$	9	$\varrho = -0{,}18$	[4]	[4]
Benzamide	IR	N—H	σ	$\log A$	6	$\varrho \simeq +0{,}03$	[4]	[4]
N-Methylbenzamide	IR	C=O	σ	$\log A$	6	$\varrho \simeq 0$	[4]	[4]
Phenylthiocyanate	IR	C≡N	σ	A	6	$\varrho = -0{,}80$	[12]	[12]
Phenylisothiocyanate	IR	N=C=S	σ	A	8	$\varrho \simeq 0$	[12]	[12]
Phenole	IR	O—H	σ	A	9	$\varrho \simeq +1$	[13]	diese Arbeit
Thiophenole	IR	S—H	σ	$\log A$	8	$\varrho = +0{,}53$	[14]	[14]
Benzonitrile	IR	C≡N	σ	$\log A$	14	$\varrho = -0{,}75$	[15]	[15]
Nitroverbindungen	IR	NO_2	σ	$\log q$	13	$\varrho \simeq -0{,}33$	[16]	diese Arbeit
Benzoesäureäthylester	R	CO	$\|\sigma_R\|$	S	7	$\mathrm{tg}\,\alpha \simeq +40$	[17]	diese Arbeit
Acetophenone	R	CO	$\|\sigma_R\|$	S	4	$\mathrm{tg}\,\alpha \simeq +8$	[17]	[17]
Benzonitrile	R	C≡N	$\|\sigma_R\|$	S	9	$\mathrm{tg}\,\alpha \simeq +12$	[17]	[17]
Benzonitril komplexe mit $SnCl_4$	IR	C≡N	σ	$\log A$	7	$\varrho \simeq -0{,}69$	[18]	diese Arbeit

[1]) Siehe Anmerkung Tab. 1. — [2]) Erste Obertonfrequenz. — [3]) $q = \frac{A_{\mathrm{sym.}}}{A_{\mathrm{antisym.}}}$ [20].

In den Tabellen 1, 2 und 3 sind einige Ergebnisse der bisher studierten Korrelationen zusammengefaßt. Tabelle 3 enthält Ergebnisse, die zu den Korrelationen Werte der Atomlokalisierungsenergie benutzen. Die erfolgreiche Benutzung dieser quantenchemischen Größe ermöglichte die Bearbeitung des Gebietes der polynuklearen aromatischen Verbindungen, die mit den bis jetzt bekannten Gleichungen nicht möglich war. Drei Beispiele der angeführten Korrelationen sind in den Abbildungen 1, 2 und 3 dargestellt.

TABELLE 3

Korrelationen von Intensitätsdaten mit Hilfe der Gleichung

$$X_i - X_r = \varkappa A_j$$ [1]

Verbindungen	Spektr.	$\nu_{X'-Y'}$	X	Y	n	Klasse	Richtungsfaktor	Literaturangabe	
								Exp. Daten	Verarbeitung der exp. Daten
Amino-	IR	N—H	A_j	$\log q$	8	0	$\varkappa = -1{,}6$	[19]	[20]
					7	1	$\varkappa = -1{,}3$		
Nitro-	IR	N—O	A_j	$\log q$	6	0	$\varkappa = -4{,}2$	[20]	[20]
					5	1	$\varkappa = -4{,}5$		
Karbonsäureester	IR	C=O	A_j	A		0	$\varkappa \simeq -30$	[21]	diese Arbeit
						1	$\varkappa \simeq -11$		

[1]) Siehe Anmerkung Tab. 1.

TABELLE 4[1])

Verbindungen	Spektr.	$\nu_{X'-Y'}$	X	Y	n	Richtungsfaktor	Literaturangabe	
							Exp. Daten	Verarbeitung der exp. Daten
Cyclanone	IR	C=O	n[2])	$\log A$	10	$\frac{\Delta \log A}{\Delta n} = 0{,}05$[3])	[22]	diese Arbeit
Ketoverbindungen	IR	C=O	R. E.	$\frac{1}{r_{+-}} \frac{\partial r}{\partial Q}$	12	$\operatorname{tg} \alpha = 0{,}93$	[23]	[23]
Aminoverbindungen (Aromaten)	IR	NH_2	s Charakter	$\frac{\partial H}{\partial r}$	36	d	[24]	[24]

[1]) Siehe Anmerkung Tab. 1. — [2]) Anzahl von Kohlenstoffatomen des Ringes. — [3]) Gültig für $n = 5$ bis $n = 10$. — [4]) Aufteilung in zwei Korrelationen.

Was die Einwände einiger Autoren gegen die Korrelationen mit Strukturkonstanten betrifft, müssen wir in erster Reihe die Arbeit von T. L. BROWN [25] erwähnen. Seine Einwände sind auf Intensitätsmeßwerte einer Reihe von substituierten Benzonitrilen gestützt, die sich nicht mit den HAMMETTschen Strukturkonstanten korrelieren lassen. Wie RAO [26] zeigte, lassen sich die Ergebnisse von T. L. BROWN in den Koordinaten $\log A$, σ^+ ausgezeichnet korrelieren.

Die Einwände von MATEOS und Mitarb. [11], gestützt auf Ergebnisse in einer Reihe von substituierten Benzoesäuremethylestern, sind sehr wahrscheinlich ein Fehlschluß. Wie aus den Ergebnissen folgt, ist die Richtungskonstante ϱ so klein, daß die Korrelation in den Meßfehlern verloren geht. Führt man eine Auswahl der Meßergebnisse durch und benutzt nur die Werte, die mit Ergebnissen von BROOKS und Mitarb. [27] zusammenfallen, erhält man trotz des kleinen Wertes der Richtungskonstante ϱ eine ganz gute Korrelation, weil

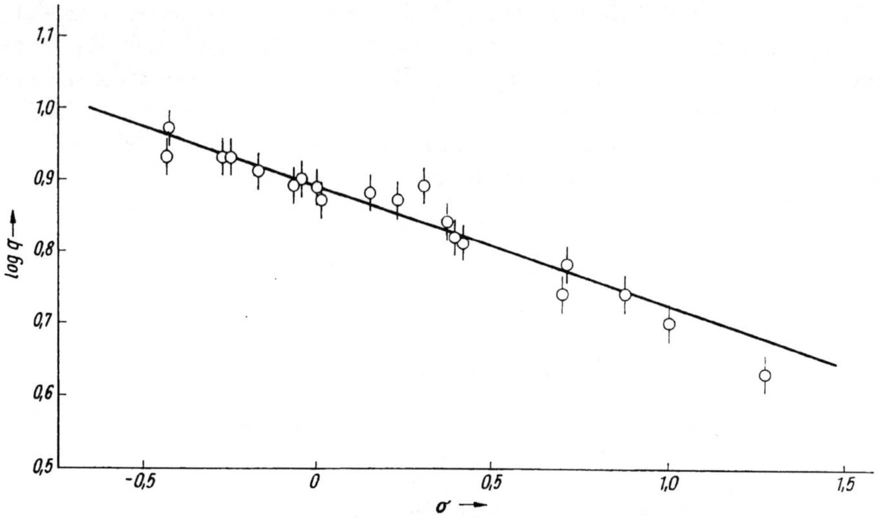

Abb. 1. Abhängigkeit der Größe log q von σ. Erste Obertonfrequenzen der $-NH_2$ Gruppe einer Reihe subst. Aniline. Meßwerte nach [9] benutzt. $q = A_{sym.}/A_{antisym.}$, wo A die absolute integrale IR-Intensität bedeutet [20]

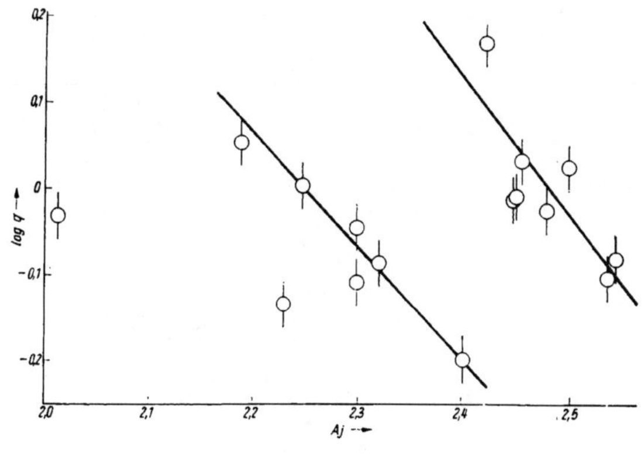

Abb. 2. Abhängigkeit der Größe log q von A_j (Atomlokalisierungsenergie) der $-NH_2$-Gruppe einer Reihe von Aminoderivaten polynuklearer aromatischer Kohlenwasserstoffe [20]. Meßwerte nach [19] benutzt. q siehe Abb. 1

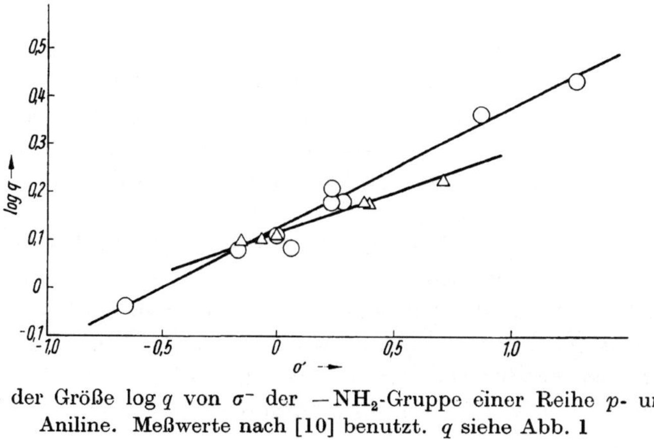

Abb. 3. Abhängigkeit der Größe log q von σ^- der $-NH_2$-Gruppe einer Reihe p- und m-substituierter Aniline. Meßwerte nach [10] benutzt. q siehe Abb. 1

Ergebnisse mit größeren Meßfehlern ausgeschlossen wurden. Weitere Ergebnisse von MATEOS und Mitarb. kann man als weniger erfolgreiche aber keineswegs erfolglose Korrelationen auffassen.

Interessante Ergebnisse werden bei Korrelationen mit Hilfe der Atomlokalisierungsenergie erhalten. In den Koordinaten log A, A_j werden drei lineare Beziehungen anstatt einer einzigen erhalten. Jede Beziehung vereinigt Meßwerte, die substituierte Kohlenstoffatome des Phenyl-, 1-Naphthyl- oder 9-Anthracenyl-Typus enthalten, das heißt Kohlenstoffatome, welche mit keinem (Klasse 0) einem (Klasse 1) oder zwei tertiären Kohlenstoffatomen (Klasse 2) verbunden sind [20]. Die Aufteilung der Meßwerte in drei Gruppen ist auch aus Korrelationen kinetischer Meßwerte bekannt und hat deshalb allgemeinere Gültigkeit. Bei Substituenten wie -NO_2 oder -NH_2 bietet sich eine Deutung durch sterische Effekte an. Theoretische Gründe sowie die Ergebnisse von GEUSKENS und Mitarb. [21] mit Nitriloderivaten deuten aber an, daß dieser Effekt auch in solchen Fällen vorkommen kann, wo eine Deutung durch sterische Effekte nicht wahrscheinlich ist. Deshalb wird in unserem Laboratorium eine Reihe deuteriumsubstituierter Derivate der aromatischen Kohlenwasserstoffe untersucht (Intensitätsmessungen der C—D-Valenzschwingung).

Wie aus diesem Überblick über das Gebiet der Korrelationen von Intensitätsmeßwerten mit Strukturkonstanten folgt, können wir diese als gleichberechtigt und erfolgreich als analoge Korrelationen der Frequenzmeßwerte bezeichnen. In vielen Fällen sind die Veränderungen der Intensitätsmeßwerte einer charakteristischen Schwingung relativ viel größer als die Veränderungen der Wellenzahl des Absorptionsmaximums. In einigen Fällen gilt das Gegenteil. Mit Hilfe der Methode der Korrelationen der Intensitäts- und Frequenzmeßwerte mit Strukturkonstanten ist eine Möglichkeit gegeben, einen Einblick in die Feinstruktur der Elektronenverteilung eines Moleküls zu gewinnen. Auf interessante Möglichkeiten in dieser Hinsicht wurde von RAO und VENKATARAGHAVAN [28] hingewiesen. Das Heranziehen quantenchemischer Methoden kann sich, unserer Ansicht nach, schon heute als fruchtbar erweisen. Die Entwicklung dieses Gebietes der IR-Spektroskopie und die Möglichkeiten, die es bietet, betonen aber auch die Notwendigkeit einer Weiterentwicklung und Verbesserung der Meßmethoden der IR-Intensitätsspektroskopie.

Literatur

[1] BROWN, T. L., J. Am. Chem. Soc. **80** (1958) 6489.
[2] KRIEGSMANN, H., KESSLER, G., REICH, P., Z. f. Chemie **1** (1961) 346.
[3] JESSON, J. P., THOMPSON, H. W., Spectrochim. Acta **13** (1958) 217.
[4] THOMPSON, H. W., JAMESON, D. A., Spectrochim. Acta **13** (1958) 236.
[5] KATRITZKY, A. R., GARDNER, J. N., J. Chem. Soc. **1958**, 2198.
[6] KATRITZKY, A. R., GARDNER, J. N., J. Chem. Soc. **1958**, 2192.
[7] KATRITZKY, A. R., HANDS, A. R., JONES, R. A., J. Chem. Soc. **1958**, 3165.
[8] SCHMID, E. D., BELLANATO, J., Z. Elektrochem. **65** (1961) 362.
[9] WHETSEL, K. B., ROBERSON, W. E., KRELL, M. W., Anal. Chem. **30** (1958) 1598.
[10] CALIFANO, S., MOCCIA, R., Gaz. Chim. Ital. **86** (1956) 1014.
[11] MATEOS, J. L., CETINA, R., OLIVERA, E., MEZA, S., J. Org. Chem. **26** (1961) 2494.
[12] CALDOW, G. L., THOMPSON, H. W., Spectrochim. Acta **13** (1958) 212.
[13] MOCCIA, R., CALIFANO, S., Gaz. Chim. Ital. **88** (1958) 342.
[14] JAN, J., HADŽI, D., MODENA, G., Ricerca Sci. **30** (1960) 1065.
[15] THOMPSON, H. W., STEEL, G., Trans. Faraday Soc. **52** (1956) 1451.
[16] KATRITZKY, A. R., SIMMONS, P., Rec. trav. chim. **79** (1960) 361.
[17] JESSON, J. P., THOMPSON, H. W., Proc. Royal Soc. **268** (1962) 68.
[18] BROWN, T. L., KUBOTA, M., J. Am. Chem. Soc. **83** (1961) 4175.
[19] ELLIOTT, J. J., MASON, S. F., J. Chem. Soc. **1959**, 1275.
[20] BOČEK, K., ZAHRADNÍK, R., Spectrochim. Acta **18** (1962) 564.
[21] FIGEYS-FAUCONNIER, M., FIGEYS, H., GEUSKENS, G., NASIELSKI, J., Spectrochim. Acta **18** (1962) 689.

[22] Bürer, T., Günthard, H. H., Helv. Chim. Acta **39** (1956) 356.
[23] Barrow, G. M., J. Chem. Phys. **21** (1953) 2008.
[24] Mason, S. F., J. Chem. Soc. **1958**, 3619.
[25] Brown, T. L., J. Am. Chem. Soc. **80** (1958) 794.
[26] Rao, C. N. R., Chem. and Ind. **1958**, 891.
[27] Brooks, C. J. W., Eglinton, G., Norman, J. F., J. Chem. Soc. **1961**, 106.
[28] Rao, C. N. R., Venkataraghavan, R., Canad. J. Chem. **39** (1961) 1757.

Diskussion

Herr Prof. Steger legte dar, daß man die Auswahl der korrelierenden Größen so treffen muß, daß ein physikalischer Sinn erhalten bleibt. In der weiteren Diskussion ergab sich, daß die im vorangehenden Vortrag gebrauchte Größe q, obwohl sich die Momentsänderungen herauskürzen, doch noch in ausreichendem Maße von der Elektronenkonfiguration abhängt.

Lösungsmitteleinflüsse auf Infrarotintensitäten

R. HEESS

Arbeitsgruppe für Physikalische Methoden der Analytischen Chemie
der Deutschen Akademie der Wissenschaften zu Berlin, Berlin-Adlershof

Die Einflüsse der Lösungsmittel auf die Infrarotspektren der in ihnen gelösten Substanzen können erfahrungsgemäß beträchtlich groß sein. Auch bei der Betrachtung der Intensität als charakteristischer Größe — sei es nun bei der Stoffanalyse oder bei speziellen physikalisch-chemischen Untersuchungen der Vorgänge in Lösungen — sollte man sich über die Größe der zu erwartenden Effekte bei Lösungsmittelwechsel im klaren sein.

Aus den Untersuchungen der Lösungsmitteleinflüsse auf die Frequenzlage bestimmter (meist Valenz-)Schwingungen weiß man, daß bei der Mehrzahl der untersuchten Systeme Substanz—Lösungsmittel die nach der KIRKWOOD-BAUER-MAGAT-Theorie abgeleitete Beziehung nicht erfüllt ist, die die Frequenzverschiebung in Abhängigkeit von den dielektrischen Eigenschaften des Lösungsmittels vorhersagt. Die Wirkung des Lösungsmittels auf das Substanzmolekül kann demnach in diesen Fällen nicht allein in der Einbettung in ein indifferentes Medium bestehen. Man muß eine speziellere Art der Wechselwirkung annehmen, wobei bestimmte polare Gruppen des Lösungsmittels mit solchen des Substanzmoleküls in Wechselwirkung treten [1].

Analog dazu findet man auch bei der Untersuchung des Verhaltens der Intensität[1]) ein und derselben Bande in verschiedenen Lösungsmitteln Anzeichen für eine stärkere Wechselwirkung der Lösungsmittel- und Substanzmoleküle.

In Tabelle 1 und 2 sind Werte für die Intensitäten von Carbonyl- und Nitril-Valenz-Grundschwingungen verschiedener einfacher Verbindungen in den gleichen Lösungsmitteln ange-

TABELLE 1

Lösungsmittel	Intensität und Wellenzahl der ν (C≡N) von							
	HCN [2]		CH_3-CN [5]		CH_3-CN [2]		$N(CH_3)_2-CN$ [2]	
	A	ν	A	ν	A	ν	A	ν
Gas	6,26	2097	78,5	2267	—	—	—	—
n-Hexan	—	—	—	—	139	2256	5930	2224
CCl_4	122	2096	265	2257	192	2255	7570	2221
$CHCl_3$	200	2095	399	2258	327	2255	10550	2218

A in [cm^{-2} Mol^{-1} l $\log_{10}$]; ν in [cm^{-1}]

TABELLE 2

Lösungsmittel	Intensität und Wellenzahl der ν (C=O) von					
	CH_3-CO-CH_3 [6]		CH_3-O-CO-CH_3		$N(CH_3)_2$-CO-CH_3	
	A	ν	A	ν	A	ν
Cyclohexan	5570	1723	13500	1753,6	16700	1672,1
CCl_4	6960	1719	14400	1746,7	21900	1661
$CHCl_3$	8740	1711	15800	1736,6	22600	1635

Zu A und ν siehe Tabelle 1.

[1]) Intensität: über die Wellenzahl integrierter Extinktionskoeffizient.

geben. Sie zeigen einen gleichsinnigen Gang. Als Wechselwirkungszentren, an denen die Wirkung der Lösungsmittel angreift, kommen hierbei die C=O- bzw. die C≡N-Gruppe in Frage.

Bei Substanzen, die mehrfach mit Gruppen stärkerer Elektronegativität substituiert sind, wird die Wechselwirkung evtl. an allen diesen Gruppen stattfinden. Die Dipolmomentfunktion, deren Ableitung für die Intensität maßgeblich ist, wird in nicht überschaubarer Weise — auch durch mesomere Effekte — beeinflußt, und die Änderung der Intensität in verschiedenen Lösungsmitteln geht unsystematisch vor sich (Tabelle 3).

TABELLE 3

Lösungsmittel	Intensität und Wellenzahl der					
	ν (C=O) von		ν (C≡N) von			
	$CH_3-CO-Cl$		CH_3CCl_3-CN [2]		$CH_3-CO-CN$ [5]	
	A	ν	*A*	ν	*A*	ν
Cyclohexan	12300	1807,4	—	—	—	—
n-Hexan	—	—	375	2250	—	—
CCl_4	14000	1805,1	288	2250	1240	2221
$CHCl_3$	15400	1800,4	209	2251	1090	2223

Zu *A* und ν siehe Tabelle 1.

Ebenfalls läßt sich eine Abhängigkeit der Intensitätsänderung von den Eigenschaften der jeweils für die Wechselwirkung in Frage kommenden Atomgruppe des Lösungsmittelmoleküls zeigen:

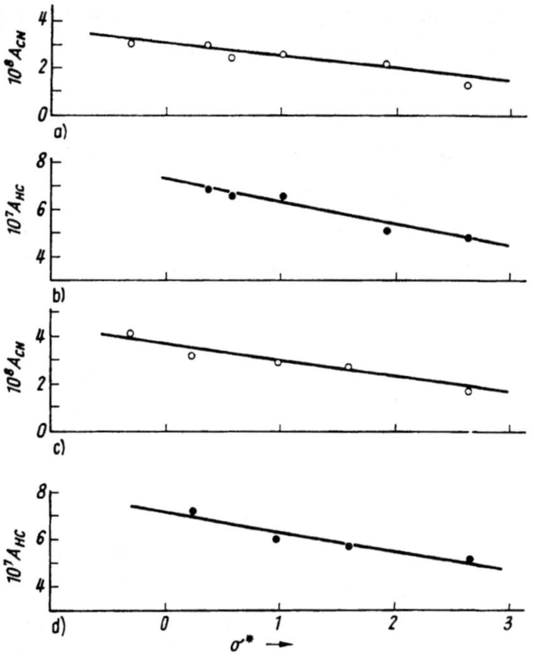

Abb. 1. Abhängigkeit der Intensität der C—H- und C≡N-Valenzschwingungen des HCN vom Wert σ* des *R* in Lösungsmitteln vom Typ *R*-Halogen nach [2]

a) Intensität von ν(C≡N) in *R*—Cl
b) „ „ ν(C—H) in *R*—Cl
c) „ „ ν(C≡N) in *R*—Br
d) „ „ ν(C—H) in *R*—Br

Trägt man die Intensität der ν(C—H) und ν(C≡N) von HCN gegen den TAFTschen Induktionsparameter σ^* von R bei Benutzung von Lösungsmitteln des Typs R-Halogen auf, (Abb. 1), so erhält man eine lineare Abhängigkeit [2]. Wenn nun σ^* ein Maß für die Elektronendichte am Ort des Halogens gibt, so deutet diese Abhängigkeit auf eine Wechselwirkung zwischen Substanz und Lösungsmittel am Ort des Halogens hin.

Benutzt man Carbonyle als Lösungsmittel und betrachtet die Frequenz der ν(C=O) als Maß für die Polarität der C=O-Gruppe, so findet man, wenn man die Lösungsmittel nach der Lage der C=O-Frequenz ordnet, für Schwingungen von Gruppen entgegengesetzter Polarität einen gegensinnigen Gang der Intensität mit dem Lösungsmittel (Tabelle 4).

TABELLE 4

Lösungsmittel	ν (C=O) des Lösungsmittels	Intensität und Wellenzahl der ν(C—D) von $CDCl_3$		ν_{as}(C—Cl) von CCl_4	
		A	ν	A	ν
$N(CH_3)_2-CO-CH_3$	1672,1	2850	2234,6	6487	790,5
$C(CH_3)_3-CO-CH_3$	1701,2	1160	2254,7	6978	789,5
$CH_3-O-CO-CH_3$	1753,6	956	2257,8	7333	790,9
$CH_3-CO-Cl$	1807,4	296	2260,8	7817	790,4

Zu A und ν siehe Tabelle 1.

Unter den vielfachen Versuchen, die Erscheinungen theoretisch zu deuten [3], ist besonders der von BUCKINGHAM [4] bemerkenswert. Jedoch greift er in seinem mit Methoden der Störungsrechnung durchgeführten Versuch, die Intensitäten von Gasspektren und solchen in Lösung zueinander in Beziehung zu setzen, auf ein von den KIRKWOODschen Dielektrikumsvorstellungen herrührendes Modell zurück, um das Dipolmoment eines Aggregates von einem Substanzmolekül und einer Gruppe darum versammelter Lösungsmittelmoleküle zu berechnen. Das führt zu einer Vernachlässigung der von den experimentellen Untersuchungen gefundenen stärkeren örtlichen Wechselwirkungen.

Zukünftige Berechnungen müssen diese jedoch unbedingt einschließen, um — zusammen mit systematischen weiteren experimentellen Untersuchungen — zu einer Bereicherung des Wissens um die Vorgänge in Lösungen führen zu können.

Literatur

[1] BELLAMY, C. J., HALLAM, H. E., WILLIAMS, R. L., Trans. Faraday Soc. **54** (1958) 1120.
BELLAMY, C. J., WILLIAMS, R. L., Trans. Faraday Soc. **55** (1959) 14.
[2] CALDOW, G. L., CUNLIFFE-JONES, D., THOMPSON, H. W., Proc. Roy. Soc. (London) A **254** (1960) 17.
[3] HIROTA, E., Bull. chem. Soc. Japan **27** (1954) 295.
SCHUYER, J., Recueil Trav. chim. Pays-Bas **72** (1953) 933.
BROWN, TH. L., Spectrochim. Acta **10** (1957) 149.
[4] BUCKINGHAM, A. D., Proc. Roy. Soc. (London) A **248** (1958) 169; ebenda A **255** (1960) 32; Trans. Faraday Soc. **56** (1960) 753.
[5] FOFFANI, A., PECILE, C., PIETRA, F., Nuovo Cimento **13** (1959) 213.
[6] BAYLISS, N. S., COLE, A. R. H., LITTLE, L. H., Austral. J. sci. Res. A **8** (1955) 26.

Diskussion

Herr Prof. STEGER hob die Brauchbarkeit der KIRKWOOD-BAUER-MAGAT-Theorie für die Definition eines inerten Lösungsmittels hervor.

Thermodynamische Reaktionsgrößen von Essigsäure und Trifluoressigsäure im Gaszustand

H. Dunken und G. Marx

Institut für Physikalische Chemie der Friedrich-Schiller-Universität Jena

Sämtliche organischen Säuren assoziieren durch Ausbildung von Wasserstoffbrückenbindungen nach folgendem Schema

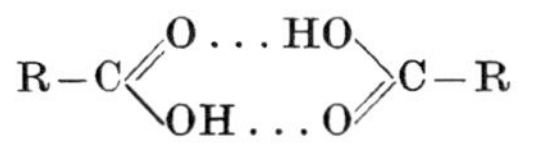

Es existieren zahlreiche Untersuchungen, die Assoziationsgrößen ΔH, ΔS, ΔG zu bestimmen. Die meisten derartigen Versuche wurden in Lösung gemacht. Da die dort erhaltenen Ergebnisse jedoch nicht die reinen Assoziationseffekte widerspiegeln, sondern Assoziation in Verbindung mit Solvatation, macht es sich erforderlich, die thermodynamischen Zustandsgrößen im Gaszustand zu bestimmen. Wir haben nun versucht, die Assoziationseffekte von Essigsäure und Trifluoressigsäure im Gaszustand ultrarotspektroskopisch zu messen. An Hand dieser beiden Säuren sollte die Zuverlässigkeit der UR-spektroskopischen Auswertung überprüft werden, da bei diesen Substanzen schon auf anderem Wege die thermodynamischen Reaktionsgrößen bestimmt wurden (Tabelle 1, 2).

Da der Dampfdruck bei unseren Messungen sehr klein war (1 —3 mm), wurde angenommen, daß nur monomere und dimere Moleküle vorliegen, obwohl bei größeren Konzentrationen von einigen Autoren eine Assoziation zu größeren Aggregaten diskutiert wird [1, 2, 3].

$$2\ CH_3COOH \rightarrow (CH_3COOH)_2$$

TABELLE 1

Thermodynamische Reaktionsgrößen von Essigsäure im Gaszustand

Autor	Lit.	Druckbereich Torr	Temperaturbereich °C	$-\Delta H$ kcal/mol	$-\Delta S$ cal/Grad mol	Methode
Johnson and Nash	2	160—1150	80—200	13,8 ± 0,1	33	Dampfdichte
Badger and Bauer	11	90—22200	75—175	13,9 ± 0,6	—	Dampfdichte
Ritter and Simons	1	45—813	50—210	14,5 ± 0,4	35	Dampfdichte
Feuton and Garner	12	300—550	110—185	14,5 ± 0,5	—	Dampfdichte
Dunken und Marx		1—6	20— 60	14,8 ± 0,5	37,8 ± 2,2	Spektroskopie
Nernst und Wartenberg	13	400—1500	40—200	15,0	—	Dampfdichte
Weltner	14	250—760	95—270	15,0 ± 0,05	36,3 ± 0,1	Molwärme
Taylor	15	25—55	50—150	15,3 ± 0,1	36,7	Dampfdichte
Hermann and Hofstadter	16	4—15	25— 40	16,4 ± 0,8	—	Spektroskopie D
Mac Dougall	3	5—25	25— 40	16,4 ± 0,8	41	Dampfdichte
Pross and Zeggeren	17	1—3	25—70	17,0 ± 0,8	—	Spektroskopie
Winde und Marx	18	—	—	—	36,4	Theorie
Jones	19	—	—	15,9	—	Theorie
Slutsky, Miyazawa	20, 21	—	—	—	36,8	Theorie

TABELLE 2

Thermodynamische Reaktionsgrößen von Trifluoressigsäure im Gaszustand

Autor	Lit.	Druckbereich Torr	Temperatur-bereich °C	$-\Delta H$ kcal/mol	$-\Delta S$ cal/Grad mol	Methode
LUNDIN, HARRIS, NASH	9	148–510	81–131	14,0 ± 0,2	36,4	Dampfdichte
KARLE and BROCKWAY	10	23–50	30–110	16,0	37,3	Dampfdichte
DUNKEN und MARX	—	2–7	20–60	17,0 ± 0,7	41,6 ± 3	Spektroskopie
WINDE und MARX	18	—	—	—	33,0	Theorie
SLUTSKY and BAUER	21	—	—	—	36,3	Theorie

Aus den Gleichgewichtskonstanten dieser Reaktion bei verschiedenen Temperaturen T_i kann man nach VAN'T HOFF bei konstanten Volumen die Assoziationsenergie ΔU bestimmen, wenn man annimmt, daß sie im Intervall $T_i - T_n$ konstant ist.

$$\log K_i^c = -\frac{\Delta U}{2{,}3\, R\, T_i} + C\,.$$

ΔU gewinnt man beim Auftragen von $\log K_i$ gegen $1/T_i$. Die Assoziationsenthalpie ΔH ergibt sich daraus zu

$$\Delta H = \Delta U + \Delta n\, R\, T\,.$$

ΔF_i°, ΔG_i° berechnen sich zu $\Delta F_i^\circ = -R\, T_i \ln K_i^c$, $\Delta G_i^\circ = \Delta F_i^\circ + \Delta n\, R\, T_i$.

Das Problem besteht also darin, ultrarotspektroskopisch die Gleichgewichtskonstante bzw. die Konzentrationen von monomeren und dimeren Molekülen zu bestimmen; denn es besteht die Beziehung

$$K_c = \frac{c_2}{c_1^2}\,.$$

Unter Verwendung der Einwaagenkonzentration c_0

$$\frac{K_c}{c_2} = \frac{1}{c_0 - 2\,c_2}\,.$$

Da die Carbonylfrequenzen von Monomeren und Dimeren deutlich verschieden sind, kann man aus der Extinktion über das LAMBERT-BEERsche-Gesetz die Konzentration bestimmen.

$$E_i = \varepsilon_i\, c_i\, d = a_i\, C_i\,.$$

Setzt man nun das LAMBERT-BEERsche-Gesetz in die Formel ein, so erhält man nach Umformung

$$\frac{c_0}{E_2} = \sqrt{\frac{1}{K_c \cdot a_2}}\sqrt{\frac{1}{E_2}} + \frac{2}{a_2}\,.$$

Beim Auftragen von $\frac{c_0}{E_2}$ gegen $\sqrt{\frac{1}{E_2}}$ läßt sich aus Anstieg und Ordinatenabschnitt K_i^c berechnen (Abb. 1).

Nach einem zweiten Verfahren wurde die Assoziationsenthalpie direkt aus dem Extinktionsverhältnis von monomeren und dimeren Banden berechnet. Es ist zunächst

$$K_i^p = \frac{c_2}{c_1^2}\,\frac{1}{R\,T_i}\,.$$

Anwendung des LAMBERT-BEERschen-Gesetzes ergibt

$$K_p = \frac{a_1^2}{a_2} \frac{E_2}{E_1^2} \frac{1}{R\,T} = K \frac{1}{R\,T} \frac{E_2}{E_1^2}\,.$$

Nach Substitution von K_p durch die VAN'T HOFFsche Gleichung erhält man

$$\log \frac{E_2}{E_1^2} \frac{1}{T} = -\frac{\Delta H}{2{,}3\,R\,T} + B\,.$$

Beim Auftragen von

$$\log \frac{E_2}{E_1^2} \frac{1}{T} \text{ gegen } 1/T$$

kann man aus dem Anstieg der Kurve ΔH bestimmen.

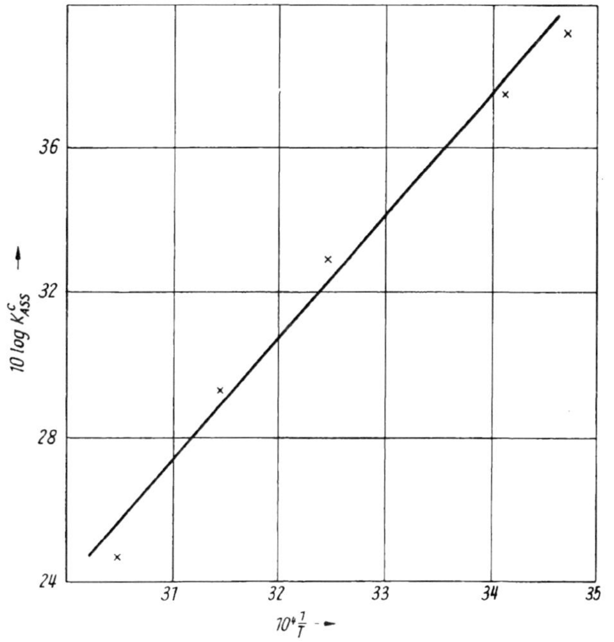

Abb. 1. Reaktionsisochore von Trifluoressigsäure (aus der integralen Extinktion der Carbonylbande der Dimeren)

In Abb. 2 ist für Essigsäure die Reaktionsisochore dargestellt. Die Gerade und ihr Fehler wurde mit Hilfe der Ausgleichsberechnung bestimmt.

Bei beiden Verfahren wurde die integrale Extinktion der dimeren Bande bzw. das integrale Extinktionsverhältnis von dimerer und monomerer Carbonylbande verwendet.

Die geometrische Spaltbreite war in der aufgenommenen Gegend (1600—1900 cm^{-1}) 150 μm, die spektrale Spaltbreite 3,0 cm^{-1}. Auf eine Korrektur der Absorptionsgrößen nach WILLSON und WELLS [4], BOURGIN [5] bzw. RAMSAY [6] wurde verzichtet, da es hier nicht so sehr um die absoluten Absorptionswerte als vielmehr um die relativen geht. Da die Carbonylbanden von monomeren und dimeren Molekülen bzw. eventuell sogar Polymeren nicht isoliert auftreten, sondern sich gegenseitig überlagern, läßt sich diese Struktur dann keineswegs durch eine Lorentzkurve darstellen, so daß schon aus diesen Gründen die Methoden von RAMSAY u. a. nicht ohne Willkür angewendet werden können.

Bei unseren Messungen wurden die vom UR 10 aufgeschriebenen Absorptionsbanden in Extinktion umgezeichnet und die Flächen ausplanimetriert. Vor dem Umzeichnen wurden die Absorptionswerte nach einer Eichung mit rotierenden Sektoren korrigiert [7].

Die verwendete Küvette von 12 cm Länge ist in Abb. 3 zu sehen. Sie besaß zur Temperierung einen Doppelmantel und war vollkommen aus Glas. Frühere Messungen [8] hatten gezeigt, daß schon bei 100 °C Zersetzungserscheinungen der Carbonsäuren an der Oberfläche von Metallen auftreten können. Um die Gastemperatur im Innern der Küvette genau bestimmen zu können, wurde im Absaugstutzen ein dünnes, unten geschlossenes Rohr eingeschmolzen. Das Röhrchen ragte 2 mm in den Gasraum hinein, so daß die in ihm befindliche Lötstelle des Thermoelements die gleiche Temperatur wie der Säuredampf hatte. Das Abdichten der Küvette erfolgte mit Teflonringen. Um bei Temperierung die Säurekonzentration im Gasraum nicht zu verändern, mußten die Substanzeinwaagen eine kleinere Konzentration ergeben, als die Sättigungskonzentration bei der tiefsten zu messenden Temperatur (15 °C)

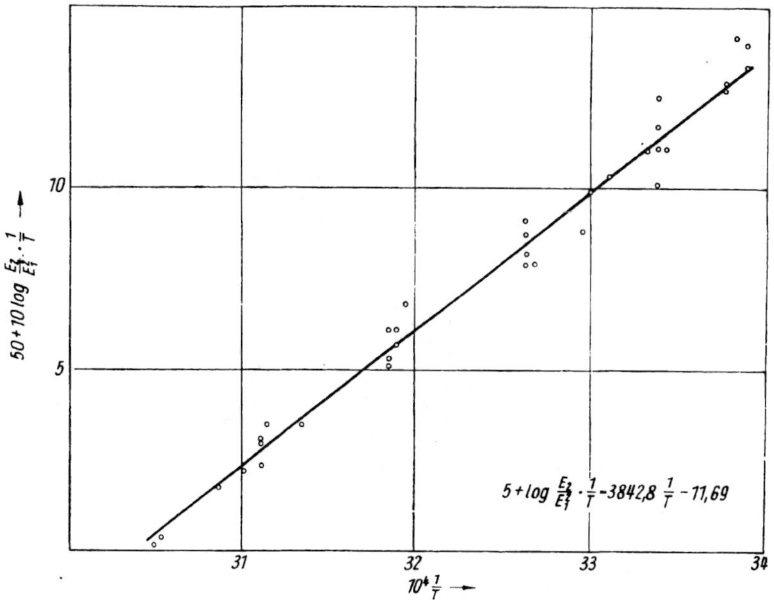

Abb. 2. VAN'T HOFFsche Reaktionsisobare von Essigsäure (aus dem Extinktionsverhältnis)

beträgt. Die Einwaagemengen bewegten sich in der Größenordnung von 0,5—1,5 mg bei Essigsäure (7—20 · 10^{-6} Mol/Liter) und von 1—3 mg bei Trifluoressigsäure und erforderten eine entsprechende Technik. Sehr dünne „VIKTOR-MEYER-Kügelchen" wurden gewogen, mit einer Pipette gefüllt, abgeschmolzen und erneut gewogen. Die so mit einer bekannten Säuremenge gefüllten Glaskölbchen wurden durch eine Fensteröffnung in die Küvette eingeführt. Danach wurde das Fenster wieder dicht aufgesetzt und die Küvette durch den Absaugstutzen ausgepumpt. Die evakuierte Küvette wurde abgeschmolzen und das Glaskölbchen zertrümmert.

Die nach den beiden oben angegebenen Verfahren berechneten Assoziationsenthalpien unterscheiden sich etwas. So wurde bei Essigsäure aus dem Verfahren der dimeren Carbonylextinktion

$$\Delta H = -14{,}1 \text{ kcal/Mol}$$

erhalten.

Aus dem Extinktionsverhältnis ergab sich dagegen der Wert

$$\Delta H = -15{,}2 \text{ kcal/Mol} .$$

Bildet man den Mittelwert aus den bekannten Literaturwerten (Tab. 1), die fast alle auf nicht spektroskopischem Wege ermittelt wurden, so erhält man für die Assoziationsenthalpie

$$\Delta H = -15{,}2 \text{ kcal/Mol} .$$

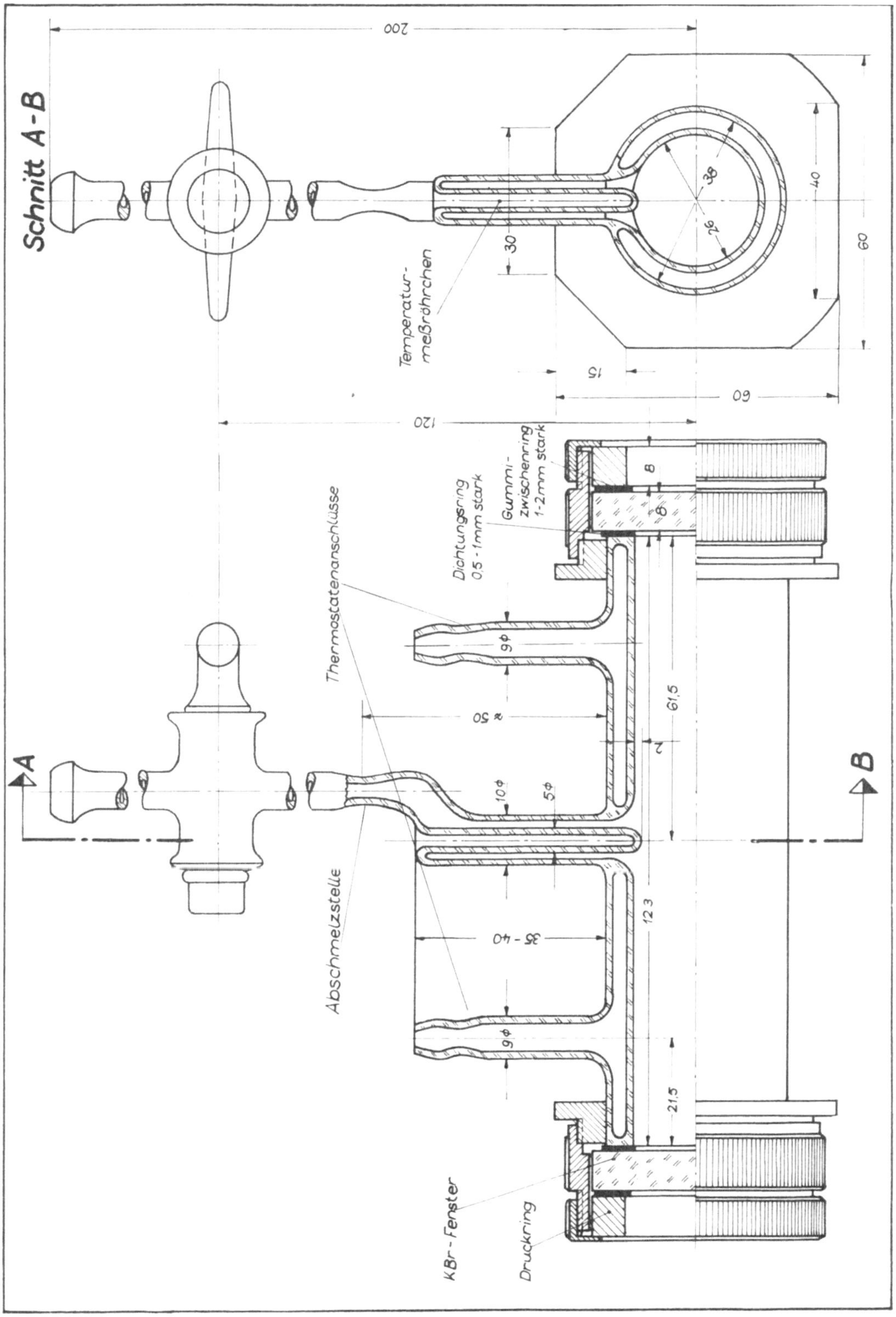

Abb. 3. Heizbare Gasküvette

Dieser Wert stimmt sehr gut mit dem Ergebnis überein, das wir mit der Methode des Extinktionsverhältnisses erhalten haben. Diese letztere Methode erscheint schon deshalb etwas genauer, weil die absolute Konzentration unbekannt sein kann und es nur auf das Extinktionsverhältnis ankommt. Der Vorteil der anderen Methode (Verwendung nur eines Extinktionswertes) ist es allerdings, daß man neben der Assoziationsenthalpie auch die entsprechenden Entropiewerte und Assoziationskonstanten bestimmen kann. Da aber beide Werte innerhalb der Fehlergrenze liegen, wurde ein Mittelwert aus beiden Meßergebnissen mit Gewichtsverhältnis 2:1 gebildet. Eine Übersicht der eigenen Meßergebnisse und der von anderen Autoren von Essigsäure und Trifluoressigsäure sind in Tabelle 1 und 2 gegeben. In beiden Tabellen sind auch die Literaturwerte der Dimerisationsentropie sowie die von uns erhaltenen Werte mit aufgeführt.

Literatur

[1] RITTER, H. L. and SIMONS, J. H., J. Am. chem. Soc **67** (1945) 757.
[2] JOHNSON, E. W. and NASH, L. K., J. Am. chem. Soc. **72** (1950) 547.
[3] MAC DOUGALL, F. M., J. Am. chem. Soc. **58** (1936) 2585.
[4] WILSON, E. B., J. chem. Physics **14** (1946) 578.
[5] BOURGIN, D. G., Phys. Rev. **29** (1927) 794.
[6] RAMSAY, D. A., J. Am. chem. Soc. **74** (1952) 72.
[7] FISCHER, H. A., NILLIUS, O., Exp. Technik d. Physik **1961**, 68.
[8] WALTER, G., Diplomarbeit, Jena 1960.
[9] LUNDIN, E. and HARRIS, F. E., J. Am. chem. Soc. **74** (1952) 4654.
[10] KARLE, J. and BROCKWAY, J. Am. chem. Soc. **66** (1944) 574.
[11] BADGER, R. H. and BAUER, S. H., J. chem. Physics **5** (1937) 603.
[12] FENTON, T. H. and GARNER, W. E., J. chem. Physics (1930) 694.
[13] NERNST und WARTENBERG, Z. f. Elektr. **22** (1916) 37.
[14] WELTNER, W., J. Am. chem. Soc. **77** (1955) 3941.
[15] TAYLOR, M. D., J. Am. chem. Soc. **73** (1951) 315.
[16] HERMAN, R. C. and HOFSTÄDTER, R., J. chem. Physics **6** (1938) 534.
[17] PROSS, A. W. and ZEGGEREN, F., Spectrochim. Acta **16** (1960) 563.
[18] WINDE, H. und MARX, G., unveröffentlichte Ausarbeitung, Jena 1961.
[19] JONES, M. M. and GILKERSEN, W. H., J. chem. Physics **20** (1952) 1048.
[20] MIYAZAWA, T. and PITZER, S. K., J. Am. chem. Soc. **81** (1959) 74.
[21] SLUTSKY, L. and BAUER, S. K., J. Am. chem. Soc. **76** (1964) 270.

Berichtigung

S. 73, 1. Z. unter Tab. 6: Statt: $\partial p^x/S_2 = 1/2\, \partial p^z/S_5$
lies: $\partial p^z/S_2 = 1/2\, \partial p^x/S_5$

2001/64/I/6: Intensitätsmessungen

FSC
www.fsc.org
MIX
Papier | Fördert gute Waldnutzung
FSC® C083411

Zeitfracht Medien GmbH
Ferdinand-Jühlke-Straße 7
99095 Erfurt, Deutschland
produktsicherheit@kolibri360.de